U0243520

公信力是金樽奖的灵魂，

影响力是金樽奖的使命。

不可错过的100款
高性价比葡萄酒

金樽奖：见证中国口味

(2009—2014)

《葡萄酒》杂志社 编

SPM 南方出版传媒

全国优秀出版社
全国百佳图书出版单位

广东教育出版社

· 广州 ·

图书在版编目（CIP）数据

不可错过的100款高性价比葡萄酒——金樽奖：见证中国口味（2009-2014）/《葡萄酒》杂志社编. —广州：广东教育出版社，2015.8

ISBN 978-7-5548-0828-3

Ⅰ．①不… Ⅱ．①葡… Ⅲ．①葡萄酒—介绍—世界 Ⅳ．①TS262.6

中国版本图书馆CIP数据核字（2015）第188669号

策　　划：孙　波　　李　鹏
责任编辑：陈定天　　蚁思妍　　倪洁玲　　高　斯　　田　晓
责任技编：杨启承
版式设计：Kook
封面设计：书窗设计工作室

不可错过的100款高性价比葡萄酒
——金樽奖：见证中国口味（2009-2014）

BUKE CUOGUO DE 100KUAN GAO XINGJIABI PUTAOJIU

广 东 教 育 出 版 社 出 版 发 行
（广州市环市东路472号12-15楼）
邮政编码：510075
网址：http://www.gjs.cn
广东新华发行集团股份有限公司经销
广东信源彩色印务有限公司
（广州市番禺区南村镇南村村东兴工业园）
787毫米×1092毫米　16开本　16.5印张　330 000字
2015年8月第1版　2015年8月第1次印刷
ISBN 978-7-5548-0828-3
定价：88.00元
质量监督电话：020-87613102　邮箱：gjs-quality@gdpg.com.cn
购书咨询电话：020-87615809

序一
FOREWORD

金樽奖，中国葡萄酒业的荣耀

王桂科

金樽奖评选组委会主席

中国出版协会副理事长

广东省出版集团有限公司董事长

南方出版传媒股份有限公司董事长

"葡萄美酒夜光杯，欲饮琵琶马上催。"一首《凉州词》抒咏了边塞开怀痛饮、激情奔涌的酣醉场面。千百年来，葡萄美酒，她为人类带来多少的陶醉和美妙，留下多少的佳话和故事。正如生活不能没有歌声和音乐一样，生活同样不能没有美酒。葡萄美酒几乎是人们生活必不可少的调味品，也是人们交往必不可少的润滑剂。要知道，在葡萄酒的世界里，只要随便打开那么一扇窗，你都会感觉眼花缭乱，目不暇接。若要问选择什么样的酒，怎么去品尝美酒，委实难以一一道来。无论是新世界还是旧世界，葡萄美酒带给人们的，是如此的丰富多样，如此的纷繁复杂，如此的多姿多彩。

现代商道推崇的是"好酒还须吆喝"。更何况，葡萄酒凝聚了深厚的历史、文化和艺术，更是一种生活方式，融入了浓厚的人文情怀。《葡萄酒》杂志的创立，正是为中国消费者和读者诠释葡萄美酒、美食及其文化，探索美酒美食的奥秘，以全新视野展示与葡萄酒有关的生活习惯、生活方式和生活情趣。《葡萄酒》杂志，正是葡萄酒文化的布道者。

　　美酒的芬芳是诱人的，也许你会觉得只有身临其境的体会才会抒发出真情实感。不过，通过《葡萄酒》杂志，你浏览其中，同样可以做一次身未动、心已远的葡萄酒深度游，领略不同地区的自然风貌，体味不同酒庄的风格，品评不同美酒的特质，了解不同酿酒师的个性，自然而然地就会感觉到葡萄酒文化的博大精深和持久魅力。通过《葡萄酒》杂志，无论是广大的葡萄酒爱好者还是业内专业人士，都可以得到葡萄酒全面而详尽的资讯。

　　金樽奖，是一个专为中国消费者"量身订制"的葡萄酒奖项，也是一场属于中国人的葡萄酒盛宴。《葡萄酒》杂志甫一诞生，便致力于建立中国的葡萄酒品评体系，帮助消费者在繁杂多样的葡萄酒中作出明智的选择，树立优质葡萄酒的品牌美誉度，推动葡萄酒在中国的健康发展，全面提升葡萄酒在社会各行各业的地位和影响力。由《葡萄酒》杂志发起并主办的金樽奖，正是基于中国人的口味，反映中国市场的需求而设立的。作为一种责任和使命，她已成为国内最专业、最权威、规模最大、影响力最强的葡萄酒品评赛事。

广东省出版集团、南方出版传媒股份有份公司董事长王桂科为金樽奖风云人物中国酿酒大师刘树琪颁发终身成就荣誉奖。

屈指算来，自2009年起，金樽奖已成功举办了六届，赛事体现了公平、公开、公正的客观要求，所评出的奖项得到了国内外的高度认可。从最初的葡萄酒评选到逐渐增设的"风云人物""最佳酒庄"和"最佳葡萄酒餐厅"，使得金樽奖成为一个综合性的葡萄酒赛事。金樽奖得到了业界同行的高度关注与大力支持，而且其影响力已辐射到世界各地，新朋友、新酒款纷至沓来。尤其是新世界国家如美国、澳大利亚、新西兰、智利、阿根廷这些国家的参选葡萄酒都有着不凡的表现。预示着消费者已经开始关注这些国家的葡萄酒，而这些国家的酒庄也更加重视中国这个市场，显示出葡萄酒的新旧世界格局发生了重大的变化。

中国葡萄酒市场从长远来看，有着巨大的增长空间，市场规模依然会继续扩容。现在的消费者更为理性、对葡萄酒知识的理解更丰富，而进口产地的多样化导致以往的价格猛涨将不再重现。另外，虽然国产葡萄酒品牌面临进口品牌的压力，但同样也面临着机遇。在国家大力整顿下，一些不合格的进口酒和假冒酒将逐步淘汰出局，整个行业环境将被净化。只要国产葡萄酒能够提升其品质，突出自己的个性和特色，假以时日，一定能够得到更多消费者的认可和追捧。

我觉得，公信力是金樽奖的灵魂，秉承公正、公平、公开的宗旨，是金樽奖永恒的主题；影响力是金樽奖的使命，架设顾客、酒商、市场的桥梁，是金樽奖承担的责任。

2015年7月

序二
FOREWORD

沉醉金樽，一生挚爱

葡萄酒大师黛布拉·麦格
（Debra Meiburg MW）

　　我在2012年第一次以评委的身份参与金樽奖的评选活动，到现在已经经历过三届金樽奖了，看到金樽奖越来越成熟，也越来越成规模。我曾担任过最少100场国际葡萄酒比赛的评委，每场比赛都有自己的特色与风格，金樽奖也不例外。我认为金樽奖评选中最独特的是评委们之间的相互合作，我们会对酒款进行讨论，达成一些共识而再给出公正客观的决定。

　　担任评委的过程，是紧张又快乐的。紧张是因为需要在有限的时间里品评数百款葡萄酒，这本身就是一个很大的挑战，无论是体力上还是精神上；而快乐则是因为我很喜欢金樽奖评选的氛围，首先这是一个有趣的比赛，它的设定非常好，让所有专业认识在集中的状态下，沉静下来思考和评分，通过抽丝剥茧的讨论，思考如何评定一款能够正确引导消费者的酒该具有的素质。我与其他评委合作起来很有效率，因为我们几乎都在其他的国际性葡萄酒评审中合作过，这让我们能够有机会对每款酒都有充分的讨论时间。

　　在金樽奖的评选中，最重要的两个要素：一个是"性价比"，另一个则是"中国口味"。

　　性价比好说，金樽奖的评选是基于价钱范围分组的，毕竟不是每个人都能够承受3000元一瓶的葡萄酒，而我们作为评委，会从不同价格区间考虑和评价一款葡萄酒的质量性价比，因为低价格的葡萄酒不乏酿造工艺出色的酒款，而高价格的葡萄酒也不乏价格虚高的"水

分"，在这方面，我认为金樽奖的品评体系还是比较成熟的。

至于"中国口味"，我认为我们都很难再以单一的口味去形容如今早已百花齐放的中国葡萄酒市场了，可能以往我们会更多地追随欧洲的风潮，但如今来自智利、阿根廷甚至南非产区的葡萄酒也逐渐成为趋势，消费者的口味也变得越来越多元化，来自五湖四海的中国消费者，在不同地区也有着截然不同的口味偏好。虽然很难定义"中国口味"，但我们可以在品酒时通过以下几点去评估其质量：单宁、酸度和平和度，品酒时间是在餐前还是餐后，最终让酒的质量说话。

中国的葡萄酒市场虽然正在经历着高速的发展期，但整体而言还是处于初级的阶段，作为市场主力的大众消费者们，还需要更多的培育与引导。而《葡萄酒》杂志作为一本专业性的葡萄酒刊物，金樽奖作为一个与国际标准接轨的大型葡萄酒赛事，两者相辅相成，我认为对消费者们是十分有利的。本人作为一个多文化背景的人能参与到其中，也是幸运的，通过更多的接触与体验，能够有更多的积淀，才能更好地继续将葡萄酒文化传递出去。我对金樽奖有信心，也相信经由国际评委们选出来的酒款，都会是各位一生中不容错过的酒款，请一定要细细去品尝与体会。最后，让我们干杯吧！

2015年7月

目录
CONTENTS

金樽奖介绍

2009年至2014年，金樽奖举办了6届，从初出茅庐时的懵懂，到如今逐步从国内市场走向国际市场，随着时间的推移，每一届的金樽奖都受到了越来越多酒商的认可与支持，同时也是中国葡萄酒市场上最令人期待的大型葡萄酒评选。

金樽奖与其他国际比赛最大的区别，是采用了由《葡萄酒》杂志确立的，具有中国特色的权威葡萄酒品评体系，加入市场零售价性价比因素，保证了获得提名的酒款是参选酒款中适合中国消费者口味以及性价比最高的产品。

金樽大奖

金樽金奖

金樽银奖

金樽铜奖

智利驻广州总领事薄明高（Miguel Poklepovic）颁发金樽奖金奖葡萄酒。

金樽奖：为"中国口味"代言

在金樽奖"横空出世"的那一年——2009年，中国的葡萄酒市场正处于发展的初级阶段，那时的名庄酒（尤其法国波尔多列级庄）的价格在中国买家的欢呼声中一路走高，创造出了一个又一个"惊为天人"的价格。然而，狂欢终究只是市场的，是表面的，并不属于葡萄酒最广泛的受众群体——普通消费者，反而给他们灌输了错误的观念，认为葡萄酒就应该是贵的，是奢侈的。

在2009年，*Decanter*杂志为英国的读者们挑选出50款低于15欧元的法国葡萄酒；*Wine and Spirits*贴心地为美国民众推荐了100款最值得购买的葡萄酒，这些葡萄酒杂志，每到年底都会用尽心力做出年度葡萄酒导购大榜，而当时的中国在这方面做得很不充分。葡萄酒评品似乎成了葡萄酒杂志的职责，想想也是，若是一本专业的葡萄酒杂志不为大家做品评，还有什么机构组织更适合做品评呢？于是，2009年创刊的《葡萄酒》杂志，决定担起这一重任。

从《葡萄酒》杂志创刊开始，杂志的全体同仁就一直致力于建立中国的葡萄酒品评体系，推动葡萄酒在中国的健康发展，毕竟评选如同选美，外国人选出来的美人和中国人喜欢的美女肯定有差别，习惯了喝凉水、吃芝士、啃硬面包的欧洲人，和喜欢热食、讲究烹煮的中国人，对食物的审美存在差异。为了帮助消费者在繁杂多样的葡萄酒中作出明智的选择，同时为了帮助酒商突破销售瓶颈，打造品牌，占领市场制高点，实现持续性发展，《葡萄酒》杂志决定举办金樽奖评选活动。我们希望借此树立优质葡萄酒的品牌美誉度，培养消费者对优质葡萄酒的品牌忠诚度，全面提升葡萄酒在社会各行业的地位和影响力。

不知不觉，金樽奖已经举办了6届，2015年即将迎来第7届了。每年的立秋过后、中秋之前，无论是业内人士，还是

葡萄酒爱好者们，只要碰到了杂志的员工就会招呼道："又在忙金樽奖了吧？"从初出茅庐时的懵懂，到如今逐步从国内市场走向国际市场，随着时间的推移，每一届的金樽奖都受到了越来越多酒商的认可与支持，同时也是中国葡萄酒市场上最令人期待的大型葡萄酒评选活动。在2015年，金樽奖还会首次移师法国，开设金樽奖评选法国分赛区，邀请法国的专家评委、葡萄酒从业记者与媒体参与进来。

金樽奖是一场为中国人"私人订制"的葡萄酒大赛，开办六年以来，我们遇到过不少的困难：难以取得生产商和酒商对年轻比赛的信任；找不到宽敞明亮、温度合适且无异味的评选场地；欠专业的侍酒团队……这些困难我们都一一克服了，但其中最大的困难，还要数"坚持"，尤其是对"公平""公正""公开"原则的坚持。

首先是公平，所有参赛酒款均由评委蒙瓶盲品，无一例外，评委对所品酒款的品牌一无所知，仅获知有助技术判断的有限信息，例如年份（有助于判断新酒早熟）、酒款风格属于干型或甜型（有助于判断甜度是否合理）等。其次是公正，体现在评审团的组成。六年来，金樽奖的评审团均由来自北京、上海、广州、深圳、香港、台湾等地具有扎实专业背景的评委组成，不仅有着丰富的评审经验，还代表着华北、华东、华南的口味差异。尤其是近两年举办的比赛，还增设了评委讨论环节，大大提高了评审客观性，比如有的评委偏爱细腻的风格，有的评委则喜好浑厚的风格，讨论环节能更好地均衡各方意见，倘若出现分数差异较大的酒款，评委们会重试并再度讨论。可以看出，评委团的设置是全面、合理且公正的，是为了选出"中国口味"而量身订制的评审团队。再次是公开，就是来自各行各业的特邀观察员以及各大新闻媒体的见证。

比赛的规格以及流程也相当国际化。所有参赛酒款均采用恒温、恒湿的酒柜保存，严格控制同一组别酒款的开瓶时间，筹备过程认真而严谨，评审过程严格按照国际比赛的标准执行。而金樽奖与其他国际比赛最大的区别是——采用由《葡萄酒》杂志确立的、具有中国特色的权威葡萄酒品评体系，加入市场零售价性价比因素，保证了获得提名的酒款是参选酒款中适合中国消费者口味以及性价比高的产品。

金樽奖成长至今，已经成为中国国内最具规模和影响力的葡萄酒赛事。选择具有公信力的葡萄酒比赛，对于生产商，有助于提升品牌美誉度，让品牌在芸芸众酒中脱颖而出，有助于有效的市场营销和公关，吸引消费者与代理商的关注，在业界赢得更多的尊重；对于代理商，有助于挑选与采购市场新品，提高现有品牌的形象与市场潜力，增加终端消费者的销量；对于消费者，有助于他们在鱼龙混杂的葡萄酒市场中甄选出适合自己的酒款。更重要的是，金樽奖通过媒体的力量，推动中国葡萄酒市场的健康发展，同时也在国际葡萄酒界发出我们中国人自己的声音。

华南美国商会会长哈利先生（Harley Seyedin）接受《葡萄酒》杂志采访。

《葡萄酒》杂志英语顾问彼得·盖先生（Peter Guy）与澳大利亚Magman奢侈旅游服务公司总经理约翰·马奎尔先生（John Maguire）出席2012年度金樽奖颁奖晚宴。

意大利领事馆总领事雷腾飞先生（Benedetlo Latteri）出席2012年度金樽奖颁奖晚宴。

2013年度金樽奖风云人物——希腊驻广州总领事康斯坦丁·卡其武斯（Constantin Cakioussis）接受《葡萄酒》杂志采访。

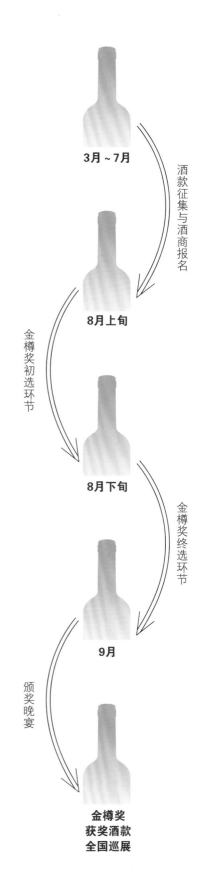

3月~7月

酒款征集与酒商报名

8月上旬

金樽奖初选环节

8月下旬

金樽奖终选环节

9月

颁奖晚宴

金樽奖
获奖酒款
全国巡展

评选流程

每年3月—7月：酒款征集与酒商报名

接受全国各地的进口商报名，酒商根据参选结果报名，报名后根据参选标准寄送样品到《葡萄酒》杂志社，每款参赛酒款要求寄送6瓶样酒。参赛的样酒统一保存在杂志社的恒温酒柜里，确保储存条件与环境安全、稳定。

每年8月上旬：金樽奖初选环节

将所有收到的参赛样酒集中，由《葡萄酒》杂志以及杂志顾问对参选酒款进行蒙瓶盲品，筛选出进入终选环节的酒款。

每年8月下旬：金樽奖终选环节

由《葡萄酒》杂志邀请来自北京、上海、广州、深圳、香港、台湾等地具有扎实专业背景的评委齐聚广州，对所有进入终选环节的酒款进行蒙瓶盲品，按照金樽奖的评审分数体系进行公平、公正的打分，倘若出现分数差异较大的酒款，评委们会重试并再度讨论。同时，邀请广东省广州南方公证处与特邀观察员到场监督，确保比赛的公平、公正、公开。

每年9月：颁奖晚宴

颁奖典礼上将揭晓获得金、银、铜奖以及金樽大奖的酒款，并颁发证书和奖牌。除了参赛的酒商以及获奖嘉宾，还会邀请各国领事、各界精英和国内外葡萄酒专业人士到场，亲自见证一年一度金樽奖的"收成"时刻。

金樽奖获奖酒款全国巡展

金樽奖的获奖酒款，将会随着《葡萄酒》杂志踏遍全国各大酒展会场，也会定期在杂志"微醺会"会员中组织金樽奖获奖酒款的品评活动。

```
①  ②
─────────
③  ④
```

①意大利领事馆总领事雷腾飞先生（Benedetlo Latteri）颁发金樽金奖。

②著名香港电影工作者、编剧、制片、演员陈欣健出席金樽奖颁奖晚宴。

③阿根廷驻广州总领事胡里奥–法拉利先生（Julio C. Ferrari Freyre）颁发金樽大奖。

④2013年度"金樽大奖"获奖四款酒分别来自阿根廷、澳洲及新西兰三个国家。

品评体系

　　国际上比较常用的葡萄酒品评主要有100分制、20分制，还有比较不常见的"负分制"。葡萄酒的品评内容大致包括"外观、气味、口感"三部分，各部分的评品细节和所占比分，不同的品评系统有不同的规范，不同国家地区的人，口感也有一定的差异。《葡萄酒》杂志所设计的品评系统，建立在100分制体系上，与此同时，我们把葡萄酒的中国市场价格作为一个品评因素，因为"性价比"是大众消费者考虑的重要因素之一。

　　因此，我们整套完整的品评体系包括了：葡萄酒的明亮度、干净度、色泽、集中度、气息干净度、原始气息表现、第二气息表现、第三气息表现、稳定度、酒精表现、单宁及酒酸表现、均衡度、余韵、综合口感、价格等15个因素，基准分50分，其余分数比例如下：

　　视觉（Visual Examination）共10分：色泽（Colour）、明亮度（Surface of the Liquid）、干净度（Hue）、集中度（Concentration）各占2.5分；

　　嗅觉（Olfactory Examination）共10分：气息干净度（Quality）、原始气息表现(Primary)、第二、三气息表现(Secondary、Tertiary)、稳定度(Intensity)各占2.5分；

　　味觉(Gustatory Examination)共20分：酒精表现（Alcoholic）、单宁及酸度表现（Tannin and Acidity）、均衡度（Balanced）、余韵（After taste / Resistance of taste and aroma）各占5分；

　　综合口感（Conclusions）共5分，由评委自己打分。

金樽奖首席评委，葡萄酒大师黛布拉·麦格（Debra Meiburg MW）在终选环节中认真品酒。

性价比分数（Cost Performance）共5分，由价格参数和得分参数相加得出，在同一价格区间内，品质得分相同的价低者得分高。

分数等级：

100分： 一款无懈可击的酒，绝世佳酿。

95～99分：复杂度和平衡性一流，顶级，具备优秀的陈年潜力。

90～94分：极具产区和品种特征，卓越，能反映年份特点，平衡度极佳，具有极高的复杂度。

85～89分：有明显的产区和品种特征，优秀，并具备完整的结构和一定的复杂度。

80～84分：具备一定产区和品种特征，良好，酿制工艺不错。

70～79分：普通。一款普通的葡萄酒除了酿制工艺完整之外，没什么过人之处。这种葡萄酒香气和风味简单明显，无复杂之感，个性不鲜明，缺乏深度。不过从整体来看，也无伤大雅。

60～69分：次品。有着明显的缺陷，如酸度或单宁含量过高，风味寡淡，或带有异味等。

50～59分：劣品。被称为"劣品"的葡萄酒既不平衡，而且十分平淡呆滞。

《葡萄酒》杂志不对参选酒品的合法性进行监督，只对葡萄酒的质量与品质进行品评。葡萄酒代理商、经销商、生产商自行挑选酒品参与评选，《葡萄酒》杂志根据酒商提供的酒品和市场零售价，将参选酒品分类备评。

葡萄酒评选，评的到底是什么

随着中国葡萄酒市场的发展，各种葡萄酒大赛也进行得如火如荼，它们有的依托已有名气的国际赛事而生，有的则是本土概念的产物，那么，这些比赛真的能为葡萄酒增加价值吗？

中国的葡萄酒业随着各大葡萄酒大赛的加入而变得越发忙碌，比如《葡萄酒》杂志举办的金樽奖（Golden Bottle Awards）、上海国际葡萄酒挑战赛(Shanghai International Wine Challenge)、亚洲葡萄酒和烈酒大奖赛（Asia Champion Sommeliers and Asia Independent Wine Critics Wine and Spirit Award，简称ASWCA）、中国环球葡萄酒及烈酒大奖赛（China Wine & Spirits Awards，简称CWSA），这里只是稍微列举了几个而已。

国际性葡萄酒大赛，最早的应该是香港国泰航空暨香港国际葡萄酒与烈酒大赛（Cathay Pacific Hong Kong International Wine & Spirit Competition，简称CX HKIWSC），2009年首次在中国举行（现在是第六年），以葡萄酒大师黛布拉·麦格（Debra Meiburg MW）为轴心人物，每年在香港国际美酒展之前举行，而且比赛的获奖者会在美酒展期间宣布。首届品醇客亚洲葡萄酒大奖赛（DAWA）举行于2012年，评委团主席是葡萄酒大师李志延（Jeannie Cho-Lee MW）和*Decanter*杂志的资深编辑斯蒂文·斯珀里亚（Steven Spurrier）。

这些葡萄酒大赛，也称为葡萄酒展示会或挑战赛，葡萄酒在大赛过程中被盲品，并根据它们的质量和特征评分。各种材质的奖牌，通常是金的、银的和铜的，将颁发给比赛的各项得奖者（比如最佳霞多丽、最佳波尔多混酿），这些奖项中的佼佼者通常会被授予奖杯。最终结果不是来自评审委员的集体投选，而是根据比赛时的平均分而定。

那么，这些比赛真的能为葡萄酒增加价值吗？

有些人对葡萄酒大赛很是"愤青"。因为他们认为参赛的一定都是些大批量生产的廉价葡萄酒，或者评委们很有可能存在严重的个人偏好。是的，一个好的葡萄酒大赛必须由优质的葡萄酒和严格的评选标准组成。但我们要对一些事情心知肚明，比如，那些波尔多大牌葡萄酒或其同类得不到奖的话，它们是绝不会参赛的。同样，每年产量有限的膜拜酒（Cult Wine）也是如此。因此，消费者应该意识到参赛的多是些入门款和中等市场价位的葡萄酒，并且大多数是大众承担得起的葡萄酒。

我相信这些葡萄酒大赛能够为今天的市场发展带来很大的益处，尤其是当这些酒代表的是葡萄酒界的主流时。评审的结果可以作为无经验消费者的购酒指南，帮助他们如何在眼花缭乱的市场上选酒。你或许不喜欢这款酒的风格但至少知道它的质量经过专业评委的独立评审。这样等你积累了一定经验之后，就可以有胆量和信心去尝试其他非大赛型葡萄酒，并且能够自己区分出酒款的质量水平。这些大赛可以让葡萄酒更加接近消费者，帮助拓展市场的同时还有益于所有的葡萄酒，不管它们参没参加过大赛。

然而，评委的标准将直接影响到葡萄酒大赛的声誉。是否只邀请有实力的评委将关系到主办方的利益。每个评委或许都有自己不同的喜好，但不同国籍的评委都应该以酒款的质量为基准来评审。糟糕的评委可以分为两大类：一种只根据自己的喜好评分。举个例子，不管酒款本身的质量如何，只要是发甜的葡萄酒都会直接得低分，因为他可能不喜欢甜酒；另外一种是所评酒款的分数都非常相近，例如，所有酒的分数都在78到80分之间，这代表所有的葡萄酒要么都获得一样的奖项，要么什么奖都得不到。这样的评委并不能为消费者提供一个公正且行之有效的购酒指南。

幸运的是，有些葡萄酒大赛，尤其是那些已有根基的赛事，他们有专门的系统用以指导葡萄酒评委。比如，澳大利亚的悉尼皇家葡萄酒展（Sydney Royal）和南非的旧葡萄酒交互展（Old Mutual Trophy）都设有陪审评委，即初入行的评委可以跟着有经验的评委一起评酒和学习，但是他们的分数并不会被计入。香港国泰航空暨香港国际葡萄酒与烈酒大赛的所有评委都必须是亚洲出生，并且工作地点也位于亚洲，那些被邀请的具有专业技巧且评审经验丰富的国际评委则可能来自世界各地，他们将与本地评委一起分享交流。而在亚洲葡萄酒和烈酒大奖赛中，所有的评审团主席都是侍酒大师，其职责之一就是教导侍酒师评委们。

不管这些葡萄酒大赛是大的还是小的，国际性的还是本地的，他们的声望和可识度都是不可忽视的。一场比赛的主动式客户营销与吸引酒款参赛一样重要，消费者对酒赛的识别度和信任度越高，他们越有信心购买那些获奖酒款。所有的这些购买都将会产生一种积极的反馈，使得更多更好的酒款加入下一年的比赛。

殊不论一个葡萄酒大赛的知名度如何，生产者和经销商都应该为他们所获得的奖杯和奖牌骄傲，并充分利用这些资源推广自家的葡萄酒。而且，告诉客户，你的酒是这些奖项的获得者之一，绝对不应该是一件令人感到尴尬的事情。

葡萄酒评选的性质与要素

　　葡萄酒大赛，在葡萄酒的发展过程中功不可没。首先，比赛对于品质提升的推动显而易见，近几年，不少优秀的国产精品葡萄酒在国外顶级比赛中的频频亮相，获得的奖项也不少，相应地带动了国产葡萄酒的形象和品质的提升，也让更多酒庄、酒商更直接地意识到品质的重要性。其次，大赛作为一个突破口，对于默默无闻又注重品质的品牌，可以迅速赢得口碑和销售，所以受到很多新生力量的青睐。琳琅满目的赛事该如何选择，不但厂商是颇费脑筋，而且消费者也没有火眼金睛来辨识。那么，用什么标准来判断葡萄酒大赛的优劣呢，如何甄选适合自己的葡萄酒大赛呢?

评委团队的权威性不可或缺

　　葡萄酒大赛，就像一个"竞技场"，选手们竞相展示，而最终给出评判，掌握"生杀大权"的是——评委。评委本身的影响力、号召力以及专业性，会直接影响到人们对大赛的期待和信心。不同背景的评委会将对酒的喜好倾向最小化。如果坐在评委席上的人不够说服力，相信也很难吸引高水平的参赛样品，大赛的质量和口碑无疑会打折扣。当然大赛不一定像国外的大型比赛如Decanter一样大排场，但要让消费者和厂商觉得权威，有几个国际水准的专家坐镇是必须的。

参赛酒款要数量也要质量

　　酿葡萄酒，肯定是质量为上，数量次之;然而举办葡萄酒大赛，两者都重要。参赛酒款的质量很大程度上反映着大赛的水准，评委席中已经星光熠熠，而参赛酒款却都是不入流的产品，未免显得滑稽;而酒样数量，则代表着大赛的权威性和影响力。国外的葡萄酒大型比赛，参赛酒款动辄几千上万，而反观国内的比赛，近年虽然已经有了极大的改进，但无论是参赛酒的地域广度，还是样品的数量以及质量，与国外的大型赛事相比，都还有比较大的进步空间。虽说"江湖本无路，有了腿便有了路"，但切忌一味模仿国外，比赛一定要有自身的特色，模仿谁都可以，但创新才是唯一不变的法门。作为厂商，应根据主办方的要求，按照项目类别甄选产品报名。很多酒庄、酒商会拿出自己最满意的作品，但对于像金樽奖这样将性价比因素作为评选权重考量的大赛，选酒时就需要花更多心思了。

大赛标准要与国际接轨

有了评委和参赛酒样，但是这台戏怎么唱，还要看导演和剧组的安排——幕后的工作人员的专业性不可或缺。大赛的机制，譬如奖项类别、品酒温度、光线、储酒环境、杯具选择、评分体系、酒和杯的编号、盲品结果的收集和记录等等，无一不需要考虑得精益求精。甚至还有评委的饮食起

居，保证评委的身体状态有利于比赛的顺利进行。

现在有些大赛让消费者得以观摩和学习，不仅有公证机构参与其中，还会抽出评委的空余时间，组织一些交流会、品鉴会以飨消费者，这种开放和专业的态度值得褒扬。至于获奖比例，也应严格规定，过高的获奖比例就似双刃剑，受伤最深的会是比赛本身，坏了口碑，得不偿失。还有，国内有些品牌商，不要妄自菲薄。真金不怕火炼，要到国际舞台上秀秀，不断地和高手过招，胜过洋人的好玩意儿，才真的扬眉吐气。

赛前宣传和后续推广缺一不可

大赛不能仅仅是大赛，对于参赛品牌来说，也许拿奖容易，但消费者对各种大赛奖项早已麻木，进而使生产商对葡萄酒大赛的作用开始产生怀疑，更加谨慎地选择参与哪些比赛。所以，如何把大赛结果有效地拓展到消费者层面，是大赛方需要想办法解决的，也是大赛的一项重要参数。在未来，不仅仅是比赛本身，更多的是拼营销能力。目前国内的葡萄酒大赛，最终还是要回归到大众消费上。

奖项设置

经历了数年的洗礼，金樽奖在变化中不断发展壮大，也在不断地学习与成长，因此金樽奖的品评体系也有过更新，大致可以分为以下三个阶段。

2009—2011年

参赛酒款分为五个档次：100元（51～200元）、300元（201～400元）、500元（401～650元）、800元（651～900元）、1000元（901～1200元）。

综合分数达到80～89分（100分制）者，获得"优秀葡萄酒"奖。

综合分数达到90～100分（100分制）者，获得"最佳葡萄酒"奖。

2009-2011年参赛酒款的五个档次

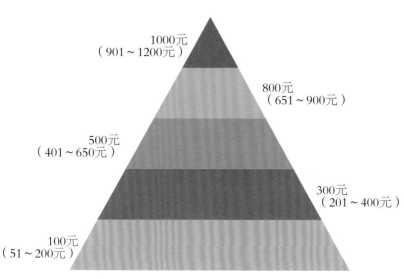

1000元
（901～1200元）

800元
（651～900元）

500元
（401～650元）

300元
（201～400元）

100元
（51～200元）

2012—2014年

　　设置葡萄酒"金奖""银奖""铜奖"以及"金樽大奖"。比赛按市场零售价格标准分为五大类：100元（51～200元）、300元（201～400元）、500元（401～650元）、800元（651～900元）、1000元（901～1200元）。每一区间按照分数由低到高分为"铜奖""银奖""金奖"，每个区间内金奖中的最高得分者获得本届最高的荣誉"金樽大奖"。除了葡萄酒款评选，还增设年度风云人物、年度酒庄等奖项。

2012—2014年五大价位区间的
"金奖""银奖""铜奖"及"金樽大奖"

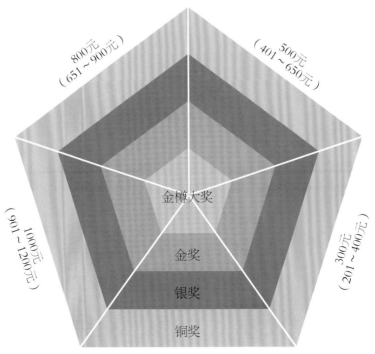

2015年将有新变化

按照所有酒款的综合评定分数排名，根据分数高低分别设金、银、铜奖，奖项的款数不定。

金、银、铜奖评选说明：金奖（90分以上）；银奖（85～89分）；铜奖（80～84分）。除了葡萄酒奖项，设置以下6个奖项，由《葡萄酒》杂志编辑部统筹名单，并通过专家评委、杂志顾问以及社交媒体网络票选三种形式投票打分，综合评定，最终结果网络投票占总值85%的比例分，剩余15%分值由专家评委团投票，每位评委1分，总计15分，组委会主席、副主席、秘书长每人1分，作为特别加分。分别为：

年度葡萄酒风云人物（Man of the Year）、年度葡萄酒品牌（Best Wine Brand）、最具潜力中国酒庄奖（China's Most Promising Winery）、最佳中文葡萄酒网站（Best Wine

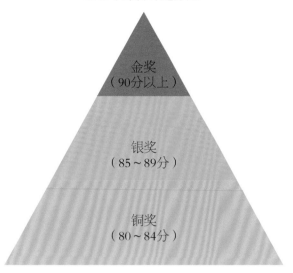

2015年综合评定分数

金奖
（90分以上）

银奖
（85～89分）

铜奖
（80～84分）

Website）、最佳葡萄酒公众号（Best Self-Media）、最具人气葡萄酒作者（Best Wine Writer）。

除以上奖项外，另设11个奖项：最佳单一品种红葡萄酒，比如，最佳赤霞珠（Best Cabernet Sauvignon）；最佳单一品种白葡萄酒，比如，最佳霞多丽（Best Chardonnay）、最佳混酿葡萄酒（Best Blend Wine）、最佳起泡酒（Best Sparkling Wine）、最佳桃红葡萄酒（Best Rose Wine）、最佳中国葡萄酒（Best Chinese Wine）、最佳性价比葡萄酒（Best Value Wine）。

历届金樽奖数据分析

2009年

2009年金樽奖获奖酒款比例（国家）

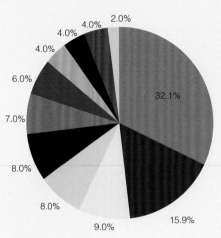

- 法国
- 澳大利亚
- 南非
- 阿根廷
- 新西兰
- 葡萄牙
- 意大利
- 智利
- 美国
- 西班牙
- 中国

32.1%
15.9%
9.0%
8.0%
8.0%
7.0%
6.0%
4.0%
4.0%
4.0%
2.0%

2009年金樽奖，共有来自11个国家的149种酒款获奖。从获奖品类的比例中不难看出，当时中国市场的进口商们着重于推广红葡萄酒，而且是中低端的葡萄酒，100元区间的比例超过半数。当然，也是因为金樽奖还是"初出茅庐"，大多数酒商们可能还是抱着"小试牛刀"的心态来选送参赛酒款的，而在这样的价位上，当时的澳大利亚葡萄酒就已经显现出巨大的优势。

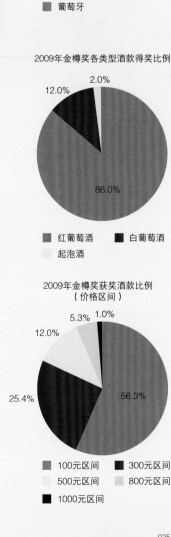

2009年金樽奖各类型酒款得奖比例

2.0%
12.0%
86.0%

- 红葡萄酒
- 白葡萄酒
- 起泡酒

2009年金樽奖获奖酒款比例（价格区间）

1.0%
5.3%
12.0%
25.4%
56.3%

- 100元区间
- 500元区间
- 1000元区间
- 300元区间
- 800元区间

2010年

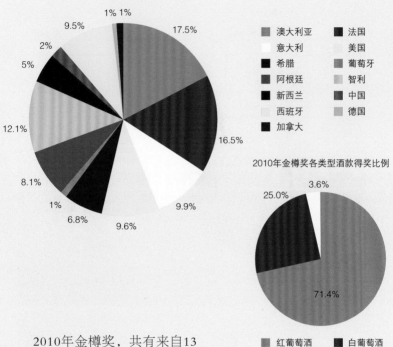

2010年金樽奖获奖酒款比例（国家）

17.5%
16.5%
9.9%
9.6%
6.8%
1%
8.1%
12.1%
5%
2%
9.5%
1% 1%

澳大利亚　　法国
意大利　　美国
希腊　　葡萄牙
阿根廷　　智利
新西兰　　中国
西班牙　　德国
加拿大

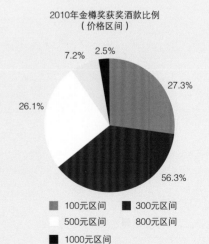

2010年金樽奖各类型酒款得奖比例

3.6%
25.0%
71.4%

红葡萄酒　　白葡萄酒
起泡酒

2010年金樽奖获奖酒款比例
（价格区间）

2.5%
27.3%
56.3%
26.1%
7.2%

100元区间　　300元区间
500元区间　　800元区间
1000元区间

2010年金樽奖，共有来自13个国家的84款葡萄酒获奖，与第一届相比，2010年的第二届金樽奖酒款的多样性有了非常明显的提升。在价格上，100元区间、300元区间以及500元区间的葡萄酒可谓平分秋色，尤以300元区间的葡萄酒表现最为突出。白葡萄酒的获奖数量也较第一届有了很大的提升。

2011年

2011年金樽奖获奖酒款比例（国家）

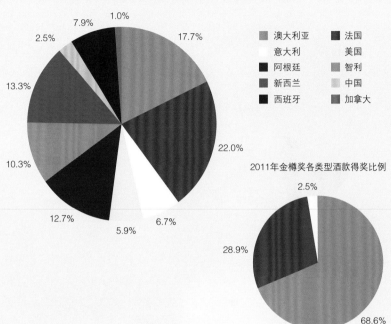

17.7% 澳大利亚
22.0% 法国
6.7% 意大利
5.9% 美国
12.7% 阿根廷
10.3% 智利
13.3% 新西兰
2.5% 中国
7.9% 西班牙
1.0% 加拿大

澳大利亚　　法国
意大利　　　美国
阿根廷　　　智利
新西兰　　　中国
西班牙　　　加拿大

2011年金樽奖各类型酒款得奖比例

2.5%
28.9%
68.6%

红葡萄酒　　白葡萄酒
起泡酒

2011年金樽奖获奖酒款比例
（价格区间）

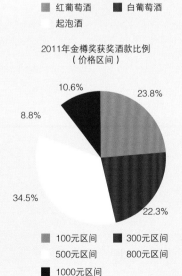

10.6%
8.8%
34.5%
23.8%
22.3%

100元区间　　300元区间
500元区间　　800元区间
1000元区间

　　2011年金樽奖，共有来自10个国家的葡萄酒获奖。较之2010年，2011年第三届金樽奖除了参赛酒款数量上有了提升，葡萄酒种类也更加多元，白葡萄酒的数量与质量都有了极大提高。白葡萄酒在"最佳葡萄酒"和"优秀葡萄酒"中分别占到28.6%和29.3%，表现瞩目。除此之外，旧世界葡萄酒的意大利与西班牙在获奖数量上都有较大提升，当然法国葡萄酒依然是旧世界葡萄酒的"龙头老大"。

2012年

2012年金樽奖获奖酒款比例（国家）

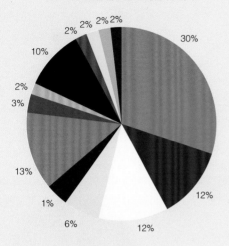

30%
2% 2%
2%
10%
2%
3%
13%
1%
6%
12%
12%

■ 澳大利亚	■ 法国
□ 意大利	□ 美国
■ 阿根廷	■ 智利
■ 新西兰	■ 中国
■ 西班牙	■ 加拿大
□ 希腊	■ 南非
■ 葡萄牙	

2012年金樽奖各类型酒款得奖比例

1.0% 1.0%
16.0%
82.0%

■ 红葡萄酒	■ 白葡萄酒
□ 起泡酒	■ 桃红酒

2012年金樽奖获奖酒款比例（价格区间）

9.0%
28.0%
9.0%
9.0%
45.0%

■ 100元区间	■ 300元区间
□ 500元区间	■ 800元区间
■ 1000元区间	

　　2012年的金樽奖一共有来自13个国家的116种酒款获奖，同时也是金樽奖第一次在奖项设置上作了调整，不再是以前的"最佳葡萄酒"以及"优秀葡萄酒"，而是更细致的金奖、银奖、铜奖，同时每个区间中分数最高的葡萄酒将被评为最高级别的"金樽大奖"。2012年金樽奖，400元以下的葡萄酒品质普遍较佳，性价比高，在金奖和银奖中分别占33%和68%。白葡萄酒尤其是甜白葡萄酒也有突出表现，给我们带来了惊喜。

2013年

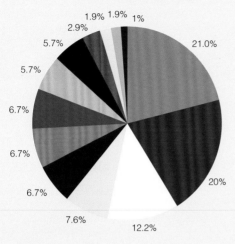

2013年金樽奖获奖酒款比例（国家）

21.0%
20%
12.2%
7.6%
6.7%
6.7%
6.7%
5.7%
5.7%
2.9%
1.9% 1.9% 1%

- ■ 法国
- ■ 澳大利亚
- □ 美国
- 智利
- ■ 意大利
- 阿根廷
- ■ 希腊
- 新西兰
- ■ 西班牙
- 南非
- 中国
- 德国
- ■ 加拿大

2013年金樽奖各类型酒款得奖比例

4.0%
19.0%
77.0%

- ■ 红葡萄酒
- ■ 白葡萄酒
- □ 起泡酒

2013年金樽奖获奖酒款比例
（价格区间）

5.0%
6.0%
18.0%
26.0%
45.0%

- ■ 100元区间
- ■ 300元区间
- 500元区间
- 800元区间
- ■ 1000元区间

　　2013年金樽奖的参赛酒款与2012年相仿，有超过3000款的规模，进入终选环节的酒款来自13个国家共222款。最终有105款葡萄酒脱颖而出，其中金樽大奖4款，金奖13款，银奖36款，铜奖52款。300元区间（201—400元）的表现最为出色，一定程度上反映出此价位的葡萄酒亟需市场推广，也从侧面反映出消费者对葡萄酒品牌与价位的关注日趋理性。白葡萄酒的获奖数量小幅上升，可见市场对白葡萄酒的接受度也在稳步提升当中。

2014年

2014年金樽奖获奖酒款比例（国家）

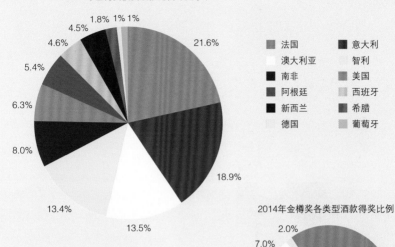

- 21.6%
- 18.9%
- 13.5%
- 13.4%
- 8.0%
- 6.3%
- 5.4%
- 4.6%
- 4.5%
- 1.8%
- 1%
- 1%

图例：
- 法国
- 意大利
- 澳大利亚
- 智利
- 南非
- 美国
- 阿根廷
- 西班牙
- 新西兰
- 希腊
- 德国
- 葡萄牙

2014年金樽奖各类型酒款得奖比例

- 73.0%
- 18.0%
- 7.0%
- 2.0%

图例：
- 红葡萄酒
- 白葡萄酒
- 起泡酒
- 桃红酒

经历了2013年市场与政策双重的打击，酒类行业遭受重创，葡萄酒行业也有重新洗牌的趋势，因此2013年金樽奖的参赛酒款数量有所回落。参加评选的酒款来自12个国家，最终获奖的酒款有111款，其中5款获金樽大奖，17款获得金奖，41款获得银奖，47款获得铜奖。2013年第六届金樽奖的趋势有所变化，就价格区间而言，100元区间（51～200元）有了较大提升，显示出有许多更加"物美价廉"的葡萄酒趁着行业"洗牌"之机进入中国市场。

2014年金樽奖获奖酒款比例（价格区间）

- 39.0%
- 28.0%
- 18.0%
- 10.0%
- 5.0%

图例：
- 100元区间
- 300元区间
- 500元区间
- 800元区间
- 1000元区间

见证中国市场变化趋势

历经6年时间的洗礼，金樽奖与中国葡萄酒市场一起成长，越来越趋于理性，也越来越成熟。分析并总结金樽奖历年来的经验与遭遇到的问题，以及获奖酒款的组成比例，都能够看到中国葡萄酒市场的发展趋势与变化，毕竟金樽奖一直扎根于中国市场，并致力于给中国消费者推荐最适合他们口味的葡萄酒。那么，中国葡萄酒市场究竟是如何发展变化的呢？根据金樽奖的信息，我们分析并总结出以下几点：

一、"新世界"崛起，"旧世界"回潮

观察金樽奖6年来的获奖酒款，不难看出，在2009—2011年间，以澳大利亚、智利、新西兰为主导的"新世界"葡萄酒，极大地扩张了市场份额，并且由于贸易协定等双边国家政策的刺激与带动，不少"新世界"葡萄酒进一步扩大了其性价比优势，在消费者中形成了良好的口碑效应。再加上这些国家政府、领事馆、贸易发展局等机构的积极推动，形成了浩大的声势，澳大利亚葡萄酒在金樽奖中的获奖比例，屡次超过法国葡萄酒，而其余诸如美国、南非、阿根廷等产国的葡萄酒，也在历年金樽奖中有着非常稳定且优秀的表现，不少"新世界"葡萄酒都获得过"金樽大奖"的殊荣。

而到了2013—2014年，"旧世界"葡萄酒似乎找到了开始"回潮"的感觉。尤其是2014年度金樽奖，就当时获奖酒款的产国分布而言，法国是毫无疑问的第一，与往年基本持平，而意大利葡萄酒则斩获了两个金樽大奖，仅次于法国的获奖率。这也引出了一个很有意思的现象——"旧世界"葡萄酒的发力，也从侧面反映出中国葡萄酒市场真正的越来越多元化，消费者愿意尝试的类型也越来越多，这是极好的。

二、性价比是永远的主题

限制"三公消费"等措施确实限制了部分列级名庄葡萄酒的在华销售,但是我们也看到许多中低价位的高性价比进口葡萄酒销量有

所上升。葡萄酒与中国的饮食文化有了越来越深的融合，特别是社会中间层，红酒已成为日常养生、社交不可或缺的元素，个人消费崛起是趋势。所以进口葡萄酒消费市场是必然存在的，消费群体也很庞大。从金樽奖历年来的评选情况也不难看出，价格在100—400元之间的高性价比进口葡萄酒，一直都是最受青睐的。毫无疑问，进口葡萄酒酒业的个人消费时代正在来临。

三、起泡酒也有春天

在2013年到2014年期间，金樽奖获奖的起泡酒款有着接近一倍的增长，这也从侧面反映出酒商们开始更重视起泡酒，尤其是那些性价比高的起泡酒有市场了。这一点，与罗伯特·帕克（Robert Parker）在2014年表达的观点不谋而合，他说："普罗赛克（Prosecco）和卡瓦（Cava）这两大类起泡酒的销售份额的持续增加，将会削弱香槟的利润以及魅力。"

而根据中国海关的数据显示，2014年上半年，我国进口起泡酒总量为565万升，同比上涨45.2%；进口总额为3700万美元，同比上涨39.8%;平均价格为6.55美元/升，同比下跌3.7%。而2015年1—5月延续了这个趋势，进口量486万升，同比上涨9.46%；进口额2460万美元，同比下降19.03%，均价同比下降达26.03%。量越来越大，均价越来越便宜，显示了高性价比起泡酒的崛起，而中国也将成为主要的起泡酒消费国之一。

四、进口商的组成日趋多元化

就历年金樽奖获奖酒款所属的代理商来看，除国内优质的进口商依旧保持酒款品质之外，一些国际文化交流中心也加入了葡萄酒市场推广的队伍，并展现出良好的品牌影响力，可喜可贺。同时，二三线城市的酒商参与葡萄酒市场角逐的数量也明显增加，而且非常活跃，带来的酒款多样性很足，也取得了不错的成绩。中国的葡萄酒市场，呈现出百花齐放的趋势，与各界代理商以及各个机构的推广和教育，都有密不可分的关系。

金樽奖评委团成员介绍

李德美

既是专业酿酒师，又是桃李满天下的葡萄酒教育者，还是国内多家酒庄的酿酒顾问，法国昂热农学院客座讲师，中国葡萄酒技术委员会副主任，在中国葡萄酒行业内具有举足轻重的地位，为中国葡萄酒发展作出了重大贡献。2009、2013年度金樽奖评委。

黛布拉·麦格 Debra Meiburg MW

美裔葡萄酒大师（Master of Wine），在香港生活了20多年，熟悉华人口味，由500位酒业人士选为「香港最具影响力的洋酒记者」，并被 The Drink Business 杂志评为最具影响力女性第7名。《葡萄酒》杂志顾问及专栏作家，2012、2013、2014年度金樽奖评委。

杨敏

法国葡萄酒贸易硕士，中国国际贸易促进会葡萄酒贸易与教育促进中心执行主任，法国火枪手勋章获得者。《葡萄酒》杂志特约作者，2014年度金樽奖评委。

吕杨

首届中国最佳法国酒侍酒师大赛冠军，国际评委，国内葡萄酒业的知名人士，现为香格里拉酒店集团葡萄酒总监。2011、2013年度金樽奖评委。

谢德兰

独立酒评人，酿酒师，国际评委，拥有在英国、葡萄牙、南非等地的酿酒经验。2010、2014年度金樽奖评委。

国际评委，大中华酒评人协会会长，爱酒的乐评人，爱音乐的酒评人，著有多本葡萄酒热销书籍，包括《酒在醉前》等。《葡萄酒》杂志顾问，2009、2010、2011、2012年度金樽奖评委。

刘伟民

旅欧12年，全球葡萄酒写作协会(FIJEV)中国代表，2010年获香槟荣誉勋章会颁授的荣誉军官勋章（Officier d' Honneur）。葡萄酒作家，著有《勃艮第的酒窖》等畅销书。2013年度金樽奖评委。

齐仲婵

勃艮地中国官方讲师，是第一位被法国勃艮地大学授予葡萄酒酿造技术学位的中国人，著有《法国人的酒窖》等书籍，是国内著名的高人气葡萄酒讲师。2012年度金樽奖评委。

齐绍仁

中国葡萄酒文化教育专家，葡萄酒作家，酒评人。2012年度金樽奖评委。

晋阳

葡萄酒作家，著有《微醺手绘》等多本葡萄酒畅销书，是WSET葡萄酒与烈酒培训讲师、法国波尔多葡萄酒学习国际讲师、澳大利亚A+课程讲师，西班牙葡萄酒学院认证培训师。2012年度金樽奖评委。

林殿理

钟正道

国际酒展顾问，国际评委，Sopexa资深葡萄酒讲师，葡萄酒专栏作家，酒类文化研究学者。2009年度金樽奖评委。

谭业明

佳士得拍卖行名酒部大中华区主管，国泰香港国际美酒评大奖的创办人之一，《葡萄酒》杂志顾问，2010、2011年度金樽奖评委。

百尝

20世纪90年代初于香港进入葡萄酒行业，拥有10余年葡萄酒专栏写作经历，资深酒评人，人气葡萄酒博主。2011、2012、2013、2014年度金樽奖评委。

麦汇仪

在中国内地、中国香港、澳门和中国台湾地区授课的资深葡萄酒专业讲师，师从著名的葡萄酒专家Michael Schuster，英国WSET认证讲师，著有《说葡萄酒的语言——意大利篇》。2011年度金樽奖评委。

陈千浩

法国勃艮第葡萄酒大学酿酒师，国际评委，葡萄酒讲师，台湾酒类法规起草委员会委员，《葡萄酒》杂志顾问。2009年度金樽奖评委。

广州丽思卡尔顿酒店西餐厅侍酒师。曾在意大利生活多年的香港人，拥有英国WSET认证葡萄酒与烈酒培训讲师。2010年度金樽奖评委。

邓子荣

2009年首届中国侍酒师大赛冠军，ISG国际侍酒师学院认证讲师，是国内第一位拥有侍酒师资格认证的职业侍酒师，曾任2011年阿根廷国家葡萄酒大赛评委。2010年度金樽奖评委。

曲日晶

国际葡萄酒记者与作家协会（FIJEV）成员，大中华酒评人协会成员，担任过多场国际葡萄酒比赛的评委，曾任《葡萄酒》杂志执行主编。2010、2011、2012、2013年度金樽奖评委。

波尔多葡萄酒学校认证葡萄酒讲师，2010年获圣爱美隆葡萄酒骑士勋章，善水文化国际传媒出品人，著有多本葡萄酒书籍，曾任《葡萄酒》杂志执行主编。2009年度金樽奖评委。

苏岚岚

曾悦

葡萄酒酒评人，资深葡萄酒鉴赏家，WSET认证高级品酒师，葡萄酒专栏作家，葡萄酒讲师。《葡萄酒》杂志特约作者，2014年度金樽奖评委。

王世清

金樽奖获奖佳酿介绍

（2009—2014）

金樽奖获奖佳酿，来自不同的国家。下面按照国家对金樽奖获奖酒款予以介绍，进而帮助读者品尝不同的葡萄酒风味。

阿根廷 ARGENTINA

　　阿根廷是南美洲产能最大的葡萄酒产国，也是世界上第四大葡萄酒生产商及葡萄酒消费市场。同时，阿根廷也是新世界葡萄酒代表性国家。由于受地理位置影响，阿根廷天气炎热干燥，以至于该国葡萄庄园时时需要进行浇灌，但每年收成量都非常大。红葡萄酒的代表有赤霞珠（Cabernet Sauvignon）、美乐以及最著名的马尔贝克（Malbec）葡萄品种。

　　没有人确切地知道马尔贝克为什么在阿根廷生长得如此之好，而马尔贝克于19世纪在波尔多地区由于赤霞珠葡萄的出现而失宠。由马尔贝克酿制的葡萄酒是阿根廷最富果香、最令人满意的葡萄酒。在白葡萄酒中，阿根廷的霞多丽品质优良，浓情干白葡萄酒也芳香无比。

　　门多萨（Mendoza）地区靠近智利的圣地亚哥（Santiago），葡萄庄园位于安第斯山脉的脚下，有着近乎完美的凉爽气候。受西班牙和意大利文化的深远影响，阿根廷最有系统的葡萄园和酒厂均是由这两国的移民后裔设立的。法国人引进的马尔贝克是阿根廷最重要的葡萄，另外还有产于阿根廷的白葡萄托伦特斯（Torrontés），托伦特斯与马尔贝克共占全国总种植面积的40%。

AG FORTY SEVEN MALBEC SHIRAZ 2012
AG 47马尔贝克西拉干红 2012

阿 根 廷

Bronze Award
铜奖
WINE

100元区间
（ 51 ~ 200元 ）

产区：

阿根廷门多萨（Mendoza，Argentina）

葡萄品种：

50%马尔贝克（Malbec）、50%设拉子
（Shiraz）

代理商： 上海米柯尼斯酒业有限公司

酒评：

　　葡萄在控温条件下（马尔贝克
25 ~ 27℃、设拉子27 ~ 29℃）于不锈钢
桶中发酵7天，随后在50%法国橡木桶
和50%美国橡木桶中陈酿3个月。这款
混酿呈宝石红色，成熟的果酱气息，
混合烟熏、咸味，中度酒体，口感圆
润，是一款平易近人的酒款。

BESOS DE CATA RED DRY 2013
安第斯帕斯红葡萄酒2013

阿 根 廷

Silver Award
银奖
WINE

100元区间
（51～200元）

产区：
阿根廷门多萨（Mendoza，Argentina）
葡萄品种：
50%伯纳达（Bonarda）、30%桑娇维塞（Sangiovese）、20%添帕尼罗（Tempranillo）
代理商： 佛山市炬华贸易有限公司

酒评：

　　甜蜜的水果结合清新花香，是一种提升精神的开胃酒和佐餐酒，将它冷藏至15℃细细品尝，清新纯美的花香与细腻清爽的口感犹如在盛夏品尝新鲜青提子的感觉；酒色呈红宝石色泽，单宁强实，结构丰富，对于刚开始接触葡萄酒的人群是一个绝佳的选择。

SANTA ANA RESERVE TORRONTÉS 2012
圣安纳珍藏多伦提斯白葡萄酒 2012

阿根廷

100元区间
（51~200元）

产区：
阿根廷门多萨（Mendoza，Argentina）

葡萄品种：
托伦提斯（Torrontés）

代理商： 富隆酒业

酒评：

此酒尚新，呈现清澈的浅禾秆黄色，具有清新的柠檬、梨子及少许花香气息，口感新鲜爽脆而且柔顺，入口酸味较突出，余味香气平衡，收结带有西柚的气息。适饮温度为9~11℃，适合作开胃酒饮用。

RINCÓN DEL SOL CABERNET SAUVIGNON 2012
里肯解百纳红葡萄酒2012

阿 根 廷

Golden Award
金奖
WINE

100元区间
（51~200元）

产区：
阿根廷门多萨（Mendoza，Argentina）
葡萄品种：
赤霞珠（Cabernet Sauvignon）
代理商： 佛山市炬华贸易有限公司

酒评：

　　传统的人工采集，选取树龄在18年以上的半熟葡萄进行酿制。在破皮后让葡萄汁与葡萄皮充分接触，以便让这些物质溶解至酒中。酿制出来的葡萄酒呈高贵的深红色调，富含丰盈浓郁黑莓水果味香气，与奔放醇厚的单宁混合出浓郁甘香的和美口感，单宁酸的配合恰到好处，余味悠长。

LA MASCOTA CABERNET SAUVIGNON 2010
玛诗歌园加本纳沙威浓红葡萄酒2010

阿根廷

★ **100元区间** ★
（51~200元）

产区：
阿根廷门多萨（Mendoza，Argentina）
葡萄品种：
赤霞珠（Cabernet Sauvignon）
代理商： 富隆酒业

酒评：

　　此酒呈现深浓的酒红色，并伴有些许紫罗兰色调的光泽，甘草、醋栗和覆盆子果酱的混合香气缓缓袭来。入口有优雅的烤胡椒和巧克力香味，酒体丰满，单宁突出，后味复杂而悠长。

CONDOR PEAK RED DRY
嘉雅红葡萄酒

阿 根 廷

100元区间
（51~200元）

产区：
阿根廷安第斯山（Andean，Argentina）
葡萄品种：
马尔贝克（Malbec）为主
代理商： 佛山市南海区阳释贸易有限公司

酒评：

　　这款以马尔贝克为主要葡萄品种的葡萄酒产自安第斯山脉，是一款由混合葡萄品种而制成的美味餐酒，将它冷藏至15℃细细品尝，清新纯美的花香与细腻清爽的口感犹如在盛夏品尝新鲜青提子的感觉；酒色呈深红色色泽，单宁强劲，结构丰富。

VINA COBOS FELINO CABERNET SAUVIGNON 2011
费丽虎嘉本纳沙威浓红葡萄酒2011

阿 根 廷

Silver Award
银奖
WINE
葡萄酒杂志

★ 300元区间 ★
（201～400元）

产区：
阿根廷门多萨（Mendoza， Argentina）
葡萄品种：
赤霞珠（Cabernet Sauvignon）、西拉
（Syrah）、味尔多（Petit Verdot）
代理商： 富隆酒业

酒评：

　　来自阿根廷的可宝斯酒庄，由美国膜拜酒"作品一号"酿酒师保罗·霍布斯联手两名阿根廷酿酒师打造。酒体呈深红色。平衡的果香纯净且成熟饱满，与烟草和红茶香味尽情交融，芬芳迷人至极。单宁如天鹅绒般圆润细腻，美妙的酸度和轻盈的酒体让人回味无穷，余韵持久、舒适。

SANTA ANA UNANIME 2007
圣安纳至尊酒王红葡萄酒2007

阿 根 廷

产区：

阿根廷门多萨（Mendoza ，Argentina）

葡萄品种：

60%赤霞珠（Cabernet Sauvignon）、

25%马尔贝克（Malbec）、15%品丽珠

（Cabernet Franc）

代理商： 富隆酒业

酒评：

　　此酒呈深浓的樱桃红色，酒香优雅、果味、巧克力、烟草的味道，伴随丝丝黑椒和肉汁气息，果味集中度及酒体结构良好，圆润的单宁与新鲜的酸度平衡恰到好处。

VIÑA COBOS BRAMARE LUJAN DE CUYO CABERNET SAUVIGNON 2009
可宝斯(百美园)嘉本纳沙威浓红葡萄酒2009

阿 根 廷

500元区间
（401～650元）

产区：
阿根廷门多萨（Mendoza，Argentina）

葡萄品种：
赤霞珠（Cabernet Sauvignon）

代理商： 富隆酒业

酒评：

  此酒呈宝石红色，黑色果子、果酱的气息混合椰子及香料的气息，入口辛香醇厚，透露丁香和黑胡椒的味道，味蕾有甜美的黑莓、无花果、咖啡和烟草味，口感甜润、饱满，结构良好，后味持久而愉悦。

IRMA TOP FUSSION GRAN RESERVA-SUPER PREMIUM WINE 2008
芯美红葡萄酒2008

阿 根 廷

1000元区间
（901～2000元）

产区：
阿根廷门多萨（Mendoza，Argentina）
葡萄品种：
45%设拉子（Shiraz）、40%佳美娜
（Carmenère）、15%赤霞珠（Cabernet
Sauvignon）
代理商：佛山市炬华贸易有限公司

酒评：

　　传统的人工采集，精选最优质的葡萄。经过破皮和压榨之后深度过滤，在不锈钢罐里把温度控制在23～25℃之间进行真空发酵至少19日，再经过天然的乳胶发酵，最后转入橡木桶中窖藏20个月后装瓶。酒体呈明艳的樱桃红色，散发着浓郁的巧克力和优雅的烟草香味，并略带特别的黑胡椒味，圆润柔和的单宁融合新鲜的果酸，形成良好均衡的结构，入口厚实，富有结构感，层次分明，体现皇者风范。

澳大利亚 AUSTRALIA

　　澳大利亚作为"新世界"葡萄酒国家的代表，他的出场给葡萄酒世界带来了一股青春活力风。

　　与"旧世界"酿酒国家相比，澳大利亚葡萄酒业更加敢于尝试和创新。除了遵循葡萄酒的传统酿造工艺外，他们不断寻求发展，勇敢地运用了螺旋盖、盒中袋等新型包装满足消费市场多变的需求。经过几代人的努力和发展，今天的澳大利亚葡萄酒已经享誉世界，不仅可以生产品种齐全、品质稳定、价格适中的餐桌酒，也能酿造出独具本土风格的"区域之粹"葡萄酒以及享誉世界的高品质"澳大利亚之巅"葡萄酒。

　　澳大利亚葡萄酒产业的蓬勃发展离不开当地得天独厚的地理气候条件。这个幅员辽阔的国家涵盖了多种地形：从塔斯马尼亚（Tasmania）高地凉爽的山麓小丘，到雨水充沛的维多利亚州（Victoria）和新南威尔士州（New South Wales），从具有温和海洋性气候的南澳和西澳，到遍布热带雨林的昆士兰（Queensland）。

　　澳大利亚栽培有各种国际流行品种以及当地特有的葡萄品种。设拉子（Shiraz）作为澳大利亚最具代表性的红葡萄品种，是当地种植面积最广的葡萄品种。赤霞珠（Cabernet Sauvignon）、霞多丽（Chardonnay）在澳大利亚也被广泛种植，它们都能结合澳大利亚的气候条件，酿造出独具当地特色的葡萄酒口感。

ROCK ART ESTATE RESERVE RELEASE CHARDONNAY 2009
洛特庄园收藏白葡萄酒2009

澳大利亚

100元区间
（51～200元）

产区：
澳大利亚阿德莱德山区(Adelaide Hills，
Australia)
葡萄品种：
霞多丽（Chardonnay）
代理商： 澳大利亚英斯派酿酒有限公司

酒评：
　　采摘后的葡萄用气囊轻柔压榨，葡萄汁在装入橡木桶酿造前部分澄清，以获得黄油般轻柔的橡木口感，这款酒呈透亮的浅黄色，矿物、柠檬的气息混合，中等酒体，酸度突出，结构平衡，回味长。

AUSWAN CREEK BIN88 SHIRAZ 2012
天鹅庄88号窖藏希拉2012

澳 大 利 亚

100元区间
（51~200元）

产区：
东南澳（South East Australia）
葡萄品种：
设拉子（Shiraz）
代理商： 澳大利亚天鹅酿酒公司

酒评：

深宝石红色，口感柔和醇厚，迸发着强劲的黑莓、蓝莓香气，并带有轻快的香草和橡木香气。

NATIVE SERIES MERLOT 2013
原生庄园梅洛2013

澳 大 利 亚

Silver Award
银奖

100元区间
（51~200元）

产区：
南澳大利亚（Southern Australia）
葡萄品种：
美乐（Merlot）
代理商： 高树酒业

酒评：

　　这款酒呈优雅的宝石红色，开瓶后展现出浓郁的果香，酒体中等偏重，拥有强劲的筋骨以及平衡的结构，恰到好处的单宁与美妙的酸度完美结合在一起，带给饮家美妙且悠长的回味。

WULURA CABERNET SAUVIGNON MERLOT 2009
风语赤霞珠美乐红葡萄酒2009

澳 大 利 亚

Golden Award
金奖
WINE
葡萄酒金志

100元区间
（51～200元）

产区：
澳大利亚玛格丽特河（Margaret River，
Australia）

葡萄品种：
赤霞珠（Cabernet Sauvignon）、美乐
（Merlot）

代理商： 广州白云国际机场股份有限公司旅客服务分公司

酒评：

　　成立于1998年的风语酒庄（Wulura
Winery）是玛格丽特河流产区最大的葡萄酒庄园，也是这个区域最好的葡萄酒庄园之一。它主产的葡萄酒果香浓郁、风格独特，一直以来都受到澳洲葡萄酒评论界的热切关注，并成为当地的标杆。该款酒呈晶莹的深红色，释放出醇厚的水果芳香，回味悠长。适合搭配烤肉、酱汁小牛肉等。

CAPTAIN COOKS SELECTION SHIRAZ
库克船长设拉子·2008

澳 大 利 亚

Golden Award 金奖

100元区间
（51～200元）

产区：
澳大利亚维多利亚（Victoria，Australia）

葡萄品种：
设拉子（Shiraz）

代理商： 广州沃河酒业有限公司

酒评：

　　伟大的航海家库克船长在1770年发现澳洲大陆。澳洲大陆肥沃富饶的土地和阳光明媚的气候吸引了大批欧州移民，他们移植葡萄树在澳洲大陆生根、结果。经过几代人的辛勤耕耘，澳大利亚葡萄酒成为"新世界"的代表。此款作为纪念库克船长240年前登陆澳洲的代表，酒体呈明亮的深红紫色，黑莓的果味与泥土气息融为一体，散发着成熟的浆果味、香料和泥土的混合味道，透着浑然天成的大自然气息。成酒在橡木桶里贮藏了足足16个月，使得风格粗犷的设拉子风味完全发挥，这是一款非常适合在不同场合享用的葡萄酒。

HOWARD PARK RIESLING 2011
豪园威士莲白葡萄酒2011

澳 大 利 亚

300元区间
（201~400元）

产区：

西澳大利亚南区（South Western Australia）

葡萄品种：

雷司令（Riesling）

代理商： 富隆酒业

酒评：

此酒呈淡稻草黄色，边缘泛绿光，杯中香气迎面扑来，散发着麝香香味、成熟梨子香味和橘子的气息，十分讨人喜欢。香甜的柑橘味持久萦绕于口中，淡淡的矿物味及麝香味更是添加了香气的丰富性。酒体清爽，入口清凉，酸度明显，是餐前的最佳之选。

TWINWOODS ESTATE CHARDONNAY 2010

双栖山庄玛格丽特河霞多丽白葡萄酒2010

澳大利亚

300元区间
（201～400元）

产区：

澳大利亚玛格丽特河（Margaret River，Australia）

葡萄品种：

霞多丽（Chardonnay）

代理商： 捷成洋酒

酒评：

　　酒庄位于玛格丽特河，是澳大利亚最好的产区之一。双栖酒庄虽然年轻，却是产区内冉冉升起的一颗新星，潜力巨大。此款酒体呈青绿色并带有一些麦草色泽。有着坚果、香桃及哈密瓜类的混合果香。入口带甜味，酒体中等，有清新的哈密瓜及油桃味加上柑橘及完整的橡木香气。口感坚实，收结顺滑，忠实地表达了产区的风土。

COORALOOK CHARDONNAY 2010
戈尔路霞多丽2010

澳大利亚

300元区间
（201～400元）

产区：
澳大利亚史庄伯吉山脉（Strathbogie Ranges，Australia）
葡萄品种：
霞多丽（Chardonnay）
代理商： 广州沃河酒业有限公司

酒评：
　　这款酒的色泽呈清淡的浅黄色，洋溢着西柚的果香和各种坚果的芳香。入口有桃子、热带水果以及柑橘等香料的诱人香味，口感饱满且柔和。酒庄位于阳光明媚的史庄伯吉高地上，使得该酒结构均衡，展现出水果甜味，入口清新干爽，回味无穷，还伴有少许的橡木香味。

OAKRIDGE CHARDONNAY 2011
奥克睿智酒园莎当妮白2011

澳大利亚

Golden Award
金奖
WINE

300元区间
（201～400元）

产区：
澳大利亚亚拉河谷（Yarra Valley，
Australia）

葡萄品种：
霞多丽（Chardonnay）

代理商： 梦图丝葡萄酒贸易（上海）有限
公司

酒评：

　　这款酒使用传统的酿造工艺，手工
采摘，将整串浸压并直接放入500升的法
国橡木桶中，自然发酵，陈酿时间为10
个月。此款精致的霞多丽充满西柚、柠
檬和白色蜜桃的芳香，也带有丰富的烟
熏、爆米花等橡木桶气息。酒体中等，
呈浅淡透亮的柠檬黄色，酒风沉着、内
敛，集中度良好，且十分平衡，是一款
出色的霞多丽葡萄酒。

PENLEY ESTATE HYLAND SHIRAZ 2010
宾利宝马施赫红葡萄酒2010

澳大利亚

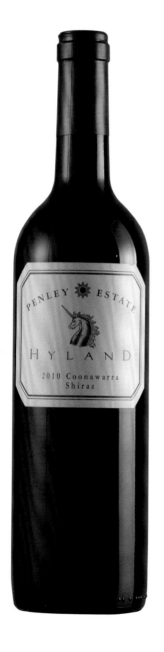

Golden Award
金奖
WINE
葡萄酒杂志

★ 300元区间 ★
（201～400元）

产区：
澳大利亚库纳瓦拉（Coonawarra, Australia）
葡萄品种：
100%设拉子（Shiraz）
代理商： 骏德酒业

酒评：

曾经荣获罗伯特·帕克（Robert Parker）90分高分。此酒呈宝石红色彩，具有浓郁的成熟樱桃和香料气味，复杂而可口的橡木烟熏特性。口感充满成熟而丰富的樱桃果实口味。圆润丰满的橡木单宁如丝般精致，与果实味道互相均衡，令酒体均衡更佳，余韵悠长。

ROSEMOUNT DIAMOND LABEL CHARDONNAY 2010
玫瑰山庄钻石酒标系列霞多丽白葡萄酒2010

澳 大 利 亚

★ 300元区间 ★
（201~400元）

产区：
澳大利亚东南部（Southeastern Australia）
葡萄品种：
霞多丽（Chardonnay）
代理商： 捷成洋酒

酒评：

　　酒体呈浅金黄色，带有中度的麦草色泽并带着绿色的光晕，呈现出玫瑰山庄钻石酒标系列霞多丽的特点。果香突出，入口即感受到浓郁桃子和瓜类的味道，有很明显的烟熏、香草等橡木桶气息。这款酒酒体中等，但结构良好，而且口感十分平衡，在最后的回味中还带有橡木桶赋予的甜味与辛香，收结悠长且唇齿留香。

TWINWOODS MARGARET RIVER CABERNET SAUVIGNON 2009
双栖山庄玛格丽特河赤霞珠红葡萄酒2009

澳大利亚

★ 300元区间 ★
（201~400元）

产区：
澳大利亚玛格丽特河（Margaret River，Australia）

葡萄品种：
赤霞珠（Cabernet Sauvignon）

代理商： 捷成洋酒

酒评：

这款酒的酒体呈深红接近黑与紫的色调，开瓶后很快便呈现出黑加仑以及黑醋栗类的馥郁且成熟的水果香气，微混了天然土木味，并带有优雅有如雪松的橡木香气。酒体与单宁同样厚实。余味悠长且有果香。

REILLY'S SHIRAZ DRY RED 2009
莱利斯西拉干红葡萄酒2009

澳 大 利 亚

Golden Bottle Award
金樽大奖
WINE

★ 300元区间 ★
（201～400元）

产区：

澳大利亚克莱尔山谷（Clare Valley，Australia）

葡萄品种：

设拉子（Shiraz）

代理商： 广州乐富葡萄酒有限公司

酒评：

此酒在橡木桶中酿造18个月，酒体颜色非常浓郁，近乎墨汁般的深黑带有紫红色的边缘。有成熟的黑色李子香气，伴有黑巧克力、小茴香、香草和太妃糖等香味。酒体饱满诱人，浓郁集中，口感中黑李子、香料和巧克力香草特点明显。单宁强劲、饱满且顺滑。骨架清晰，层次感强，回味丰富，变化持久，是一款非常扎实的佳酿。

TURNERS CROSSING CABERNET SAUVIGNON 2007
特纳十字庄园加本内苏维翁干红葡萄酒 2007

澳大利亚

Bronze Award
铜奖
WINE

500元区间
（401 ~ 650元）

产区：

澳大利亚维多利亚州班迪戈产区

（Bendigo，Central Victoria，Australia）

葡萄品种：

赤霞珠（Cabernet Sauvignon）

代理商： 上海东珍贸易有限公司

酒评：

酿造这款酒的果实在没有压碎破皮的情况下先去茎，以保存完整的果实，在不同的容器中沉浸14 ~ 18天，并带皮发酵，随后葡萄酒在法国橡木桶中陈酿24个月。这款酒具有黑莓、桑葚和黑醋栗融合李子、黑橄榄以及雪茄的浓香，入口后风格甚是丰富多变，富含泥土和李子味道，回味有坚实丰硕而干爽的单宁感。

ELDERTON NEIL ASHMEAD GRAND TOURER SHIRAZ 200〔
尼尔爱斯美跑车西拉子红葡萄酒2009

澳大利亚

Silver Award
银奖
WINE

500元区间
（401～650元）

产区：
澳大利亚巴罗萨谷（Barossa Valley,
Australia）
葡萄品种：
设拉子（Shiraz）
代理商： 广州远洋船舶物资供应有限公司

酒评：

　　这款酒运用了生物动力学方法，单独栽种着酿造葡萄的那片葡萄藤，采摘的葡萄粗藏于石蜡进行开放式发酵，而后转移至新法国橡木桶中持续12个月完成发酵。它呈浅宝石红色，红色水果、草本植物混合胡椒的气息，酒体中等偏薄，酸度略高，收结带涩。

ROCKART ESTATE RESERVE SHIRAZ CABERNET2008
洛特庄园(珍藏级)希拉赤霞珠红葡萄酒2008

澳 大 利 亚

Golden Award
金奖
WINE

500元区间
（401～650元）

产区：

南澳大利亚石灰岩海岸（Limestone Coast，South Australia）

葡萄品种：

赤霞珠（Cabernet Sauvignon）

代理商： 澳大利亚英斯派酿酒有限公司

酒评：

黑莓混合桑葚的浆果香气，带少许灯笼椒清香。石灰岩海岸特有的长成熟期孕育了滋味浓郁的葡萄，所产出的葡萄酒带有樱桃及巧克力的口感。通过小桶酿制，使得此酒带有独特的泥土气息和橡木芬芳。总体而言，这款酒酒体饱满，带有馥郁水果滋味及轻柔的单宁结构。此款酒在美国和法国的新制酒罐中酿造5个月达到成熟，并混合装瓶。

AUSWAN CREEK MASTER SELECTION CABERNET SAUVIGNON 2011
天鹅庄大师之选赤霞珠2011

澳 大 利 亚

金奖
Golden Award
金奖
WINE 葡萄酒杂志

★ 500元区间 ★
（401~650元）

产区：
澳大利亚巴罗萨谷（Barossa Valley，Australia）

葡萄品种：
赤霞珠（Cabernet Sauvignon）

代理商： 澳大利亚天鹅酿酒公司

酒评：

　　这款酒拥有标志性的桉树味道，酒体极为浓郁，优雅、紧致的口感，还有扑鼻而来的黑醋栗、黑莓和薄荷的香气，天鹅绒般厚重的单宁。

TURNERS CROSSING SHIRAZ VIOGNIER 2007

特纳十字庄园设拉子维欧尼干红葡萄酒2007

澳 大 利 亚

Golden Award
金奖

★ 500元区间 ★
（ 401 ~ 650元 ）

产区：

澳 大 利 亚 维 多 利 亚 州 班 迪 戈 产 区
（ Bendigo， Central Victoria， Australia ）

葡萄品种：

设拉子（Shiraz）、维欧尼（Viognier）

代理商： 上海东珍贸易有限公司

酒评：

　　特纳十字庄园坐落在澳大利亚维多利亚州班迪戈地区，这里有着从中世纪开始的悠久的葡萄酒酿造历史。酿造这款酒的设拉子来自低产的葡萄藤，采摘时葡萄平衡度、成熟度及风味浓郁度需要在最佳时期。这款酒呈清澈明亮的宝石红色，香气浓郁，甘草、香草及果脯的气息混合，口感丰富，饱满圆润，酒体厚重，具有较好的余韵长度，适合陈年后饮用。

WIRRA WIRRA VINEYARDS-MCLAREN VALE SHIRAZ 2010
富隆威拿麦罗仑谷设拉子红葡萄酒2010

澳 大 利 亚

Golden Bottle Award
金樽大奖
WINE
葡萄酒杂志

★ 500元区间 ★
（401~650元）

产区：

澳大利亚麦克拉伦山谷（Mclaren Valley，
Southern Australia）

葡萄品种：

设拉子（Shiraz）

代理商： 富隆酒业

酒评：

　　威拿麦罗仑谷设拉子红葡萄酒呈现
明亮不透明的深紫色。闻有典型的黑
巧克力香味和麦罗仑谷甘草的特征，
丰富香浓的肉桂和辛香，又伴有甜甘草
味，成熟的黑莓果香，有轻微的开胃的
黑胡椒和复杂的烟熏橡木的芳香。醇厚
的酒体，极好的结构，复杂的葡萄酒，
优质的单宁，口感有野浆果的芳香。该
酒是麦罗仑谷的代表作，在国内外屡获
大奖。

PENLEY ESTATE CHERTSEY 2008
宾利卓思红葡萄酒2008

澳大利亚

Golden Award
金奖
WINE 葡萄酒杂志

★ 800元区间 ★
（651～900元）

产区：

澳大利亚库纳瓦拉（Coonawarra，
Australia）

葡萄品种：

赤霞珠（Cabernet Sauvignon）、美乐
（Merlot）、品丽珠（Cabernet Franc）

代理商： 骏德酒业

酒评：

此款酒曾经荣获2008国际葡萄挑
战赛金奖。深宝石红色泽略带紫色色
彩。有复杂、丰富的黑浆果、桑果和李
子气味，更有烟熏和咸味元素，令人难
以置信的芳香气味和活力，口感充满成
熟浆果和黑橄榄味道，更有香草和巧克
力特性。中度酒体干红葡萄酒，天鹅绒
般的单宁，果实味道持续、丰富，余韵
悠长。

ELDERTON COMMANDER SHIRAZ 2005
爱尔顿统帅西拉子红葡萄酒2005

澳大利亚

Golden Award
金奖
WINE
葡萄酒杂志

★ 1000元区间 ★
（901～2000元）

产区：

澳大利亚巴罗萨谷（Barossa Valley，
Australia）

葡萄品种：

设拉子（Shiraz）

代理：广州远洋船舶物资供应有限公司

酒评：

经过一个美好的春天，古老的葡萄
藤才能吸收充足的底层水分为其迎接一
个炎热而干燥的夏天。凉爽的二月令收
成一直推迟到三月，导致释放了更多的
蓝莓和桑葚的果香。口感十分柔软细
腻，软和的单宁丰富了酒体，增加了紧
凑感。此酒在美国和法国橡木桶中发酵
酿制34个月。

EIGHT BASKETS- SHIRAZ 2008
八篮特设拉子红葡萄酒2008

澳 大 利 亚

Golden Award
金奖
WINE
葡萄酒杂志

★ 1000元区间 ★
（901～2000元）

产区：
澳大利亚巴罗萨谷（Barossa Valley，South Australia）

葡萄品种：
设拉子（Shiraz）

代理商： 澳大利亚英斯派酿酒有限公司

酒评：

　　这款葡萄酒在法国橡木桶中陈酿至少14个月，然后装瓶，再在下一年投放到市场上。此款酒具备典型的巴罗萨谷风韵，饱满的酒体风格，丰富的李子和黑莓浆果味以及巧克力味、胡椒辛辣的香料味等香气萦绕其间，并具有巧克力香草味、黑橄榄叶的回味。

德国 GERMANY

　　德国作为拥有两千多年葡萄种植和酿造历史的国家，葡萄酒已经成为德国独特的一种文化。

　　德国是世界上纬度最北的葡萄酒酿造地区，其葡萄产区分布在北纬47～52°，气候非常寒冷，几乎触及葡萄所能成熟的底线，所以这里的葡萄比其他地区成熟得更缓慢。

　　全德国葡萄酒产区分为13个特定葡萄种植区，如摩泽-萨尔-卢文（Mosel-Saar-Rewur），莱茵高（Rheingau）、莱茵黑森（Rheinhessen）、乌尔藤堡（Wurttemberg）、巴登（Baden）、法尔兹（Pfalz）等，每一个产区都有自己的特点。北部地区生产的葡萄酒一般清淡可口，果香四溢，幽雅脱俗，并有新鲜果酸。而南部生产的葡萄酒则圆满充实，果味诱人，有时带有更刚烈的味道而不失温和适中的酸性。

　　雷司令是德国最伟大的葡萄品种，德国顶级的酒很大部分是酿自这个葡萄品种，它对于德国葡萄酒的世界形象，起着举足轻重的作用。因为全球65%的雷司令葡萄是在德国种植的，所以，德国也有"雷司令之乡"的称号。雷司令是一个晚熟的白葡萄品种，漫长的成熟期造就了它馥郁的香气，酿造出来的酒一般酒体柔和，带金银花、苹果和桃子的香气。无论是葡萄酒资深玩家还是初次接触雷司令者，对于雷司令这种独特的香气，总是能够留下深刻的印象。

DR. LOOSEN, DR. L RIESLING QBA 2012
露森雷司令 2012

德 国

Golden Award
金奖
WINE
葡萄酒杂志

100元区间
（51～200元）

产区：
德国莫泽尔（Mosel，Germany）

葡萄品种：
雷司令（Riesling）

代理商： 美夏国际贸易（上海）有限公司

酒评：

　　这是一款透彻爽脆、果味浓郁的莫泽尔雷司令，呈浅禾秆黄色，有蜂蜜、菠萝、白桃的气息混合，口感柔顺，层次分明，酸度突出，桃味鲜甜，平衡，层次简单，但富有表现力，收结干净。

HANS LANG RIESLING KABINETT 2011
汉斯朗头等雷司令白葡萄酒2011

德　国

300元区间
（201～400元）

产区：

德国莱茵高（Rheingau，Germany）

葡萄品种：

雷司令（Riesling）

代理商： 深圳市夏桑园酒业贸易有限公司

酒评：

　　半干型口味恰好与美味的中餐菜式搭配，这款酒完美地体现出德国雷司令与各种亚洲食物相融合带来的和谐、奇妙的味觉感受，雷司令葡萄所具有的天然酸度使舌尖遍布新鲜爽嫩的酒味芬芳。

法国 FRENCH

法国有幸拥有最适合葡萄生产的气候，这个条件曾让法国独霸全球葡萄酒生产数个世纪，也因为这个优势，让法国酿酒文化精益求精。各个产酒地区的土质不同，气候的微小差异，几个世纪以来对品味的坚持，让这个国家各个产区特色更明显，不断改良之后的衍生支系也日渐庞杂，形成今日"百家争鸣"的热闹景致。

　　法国葡萄酒的13个大产地中，最为我们国人所熟知的应该是其中的七大产地，包括：波尔多（Bordeaux）、朗格多克（Languecloc）、鲁西荣（Languedoc Roussillon）、香槟区（Champagne）、阿尔萨斯（Alsace）、卢瓦尔河谷（Loire Valley）、勃艮地（Burgundy）、罗讷河谷（Cotes du Rhone），其中又以气候温和、土壤富含铁质的波尔多产地最具代表。

　　其中，波尔多是法国最著名的葡萄酒产地，它又被细分为几个地区产区，大致都分布于吉龙河（Estuaire de la Gironde）流域，不但产量大且生产出许多品质优良的红酒，被喻为"世界葡萄酒宝藏"，这个区域有最出名的五大产区，约有9 000多家酒庄(根据1855年上好波尔多葡萄酒分等系统)。这五大产区为：梅多克（Médoc，只生产红酒）、波美侯（Pomerol，只生产红酒）、格拉夫（Graves，生产红酒和不甜白酒）、圣爱美隆（St.Emilion，只生产红酒）、苏玳（Sauternes，只产甜白酒）。而波尔多也屹立着闻名世界的法国五大名酒庄，分别为：梅多克区的玛歌酒庄（Château Margaux）、拉图酒庄（Château Latour）、木桐酒庄（Château Mouton-Rothschild）、拉菲酒庄（Château Lafite-Rothschild）以及位于格拉夫区的侯伯王酒庄（Château Haut-Brion）。

LES CINQ PATTES CUVEE PRESTIGE ROUGE RED WINE 2010
金羊特酿干红葡萄酒2010

Silver Award
银奖
WINE
葡萄酒杂志

★ 100元区间 ★
（51～200元）

产区：
法国波尔多（Bordeaux，France）
葡萄品种：
赤霞珠(Cabernet Sauvignon)、美乐
（Merlot）
代理商： 广州盛世酒业有限公司

酒评：

　　这款酒的法语名字"Les Cing
Pattes"意为"五腿金羊"，而现实中五
腿的金色羊是不存在的，此品牌成立于
1982年，于1990年出品第一款酒，借此
寄意创造无法复制的酒款。这款呈明亮
的宝石红色，水果的气息混合淡淡的香
草、烟熏、橡木气息，中度酒体，平衡
度及集中度良好，目前饮用单宁还是十
分突出。适饮温度为17～18℃。

366 LA GRANDE SÉLECTION BLANC 2012
莱格兰德霞多丽干白葡萄酒2012

法　国

Silver Award
银奖
WINE
葡萄酒杂志

100元区间
（51～200元）

产区：

法国朗格多克（Languedoc，France）

葡萄品种：

霞多丽（Chardonnay）

代理商： 广州富羽酒业有限公司

酒评：

　　作为法国最大的葡萄种植产区，朗格多克产区拥有最古老的葡萄园和得天独特的葡萄种植气候，感受地中海阳光，体验南法风情。莱格兰德霞多丽干白在金黄色中绽放着一丝绿色，清新芬芳，带有柠檬和茉莉花香，酒体丰厚饱满，酒味怡人，令人回味无穷。适合搭配点心、开胃菜等。

L.ALBRECHT RESERVE GEWUZTRAMINER 2011
露茜茵艾伯特琼瑶浆白葡萄酒2011

法　国

Silver Award
银奖
WINE 葡萄酒杂志

★ 100元区间 ★
（51～200元）

产区：
法国阿尔萨斯（Alsace，France）
葡萄品种：
琼瑶浆（Gewurztraminer）
代理商：屈臣氏酒窖

酒评：

　　这款酒具有典型的阿尔萨斯琼瑶浆风格，香气中带有新鲜诱人的荔枝香，还有玫瑰花瓣以及香料的香气，口感上比较轻柔，可以在狂欢派对上作为一款开胃酒或者搭配甜点饮用，相信会很受女性饮家欢迎。

CORDIER PRESTIGE BLANC 2011
歌迪雅至尊白葡萄酒2011

法 国

Bronze Award
铜奖
WINE

300元区间
（201～400元）

产区：
法国超级波尔多（Bordeaux Supérieur，France）

葡萄品种：
赛美蓉（Semillon）、长相思（Sauvignon Blanc）

代理商： 富隆酒业

酒评：

　　这款优雅的干白葡萄酒有着白桃、柑橘皮和梨的香气，还有矿香，以及一丝胡椒和香草的芳香。酒在口中饱满圆润，层次丰富，尾香清爽、持久，并融合了热带水果、胡椒及一点点烘烤的味道。建议与炒扇贝、生牛肉片、海螯虾炖肉、拌生金枪鱼及大部分亚洲菜等搭配。

CORDIER PRESTIGE ROUGE 2010
歌迪雅至尊红葡萄酒2010

法　　国

Bronze Award
铜奖
WINE
葡萄酒杂志

★ 300元区间 ★
（201~400元）

产区：

法国超级波尔多（Bordeaux Supérieur，France）

葡萄品种：

赤霞珠（Cabernet Sauvignon）、美乐（Merlot）

代理商：富隆酒业

酒评：

　　这款酒忠实地表现了波尔多葡萄品种调配后的精致细腻。它的香气突出，以樱桃、桑葚果酱、肉桂及香草的香气为主，另带有些许焦糖香以及轻微的烘烤气息。口感饱满，单宁圆润，清爽而且果香味浓。回味带有熏香、甘草、黑莓和黑胡椒的香味。这款酒可以衬托出所有类型的红肉或白肉，无论是烧烤还是腌炖；也可以搭配炒鹅肝、烤鸭胸肉。

LAVILLE PAVILLON CUVÉE BOISÉE 2010
拉维亭波尔多橡木桶干红2010

法　国

300元区间
（201～400元）

产区：
法国波尔多（Bordeaux，France）
葡萄品种：
60%赤霞珠（Cabernet Sauvignon）、30%美乐（Merlot）、10%品丽珠（Cabernet Franc）
代理商： 福建伟达酒业有限公司

酒评：
　　此酒呈樱桃红色，香味层次丰富：橡木桶香味，混合少许的咖啡、可可和香草的香味，兼有浓郁的果香及烟熏、皮革等复杂香气。口感柔和饱满，单宁轻柔，回味绵长。建议搭配牛排、羊排、鹅肝、中至重味奶酪，或者是卤肉、三杯鸡、野味、烧烤等。此款佳酿于2011年第二届TOP100评选中获得"中国市场最具竞争力进口酒"称号。

CHÂTEAU LAROSE PERGANSON CRU BOURGEOIS 2007
贝纳颂庄园红葡萄酒2007

法　国

Silver Award
银奖
WINE
葡萄酒杂志

★ 300元区间 ★
（201～400元）

产区：

法国波尔多上梅多克（Haut-Médoc, Bordeaux, France）

葡萄品种：

60%赤霞珠（Cabernet Sauvignon）、40%美乐（Merlot）

代理商： 珠海市塞纳贝尔酒业有限公司

酒评：

　　这是一片潜力无限的土地。当年的庄主Henry Delaroze于1830年将贝纳颂庄园前加上"Larose"字样，才成了今天的贝纳颂庄园。现为法国保险公司主要控股。这款酒呈砖红色，入口的集中度良好。泥土、青椒的气息以及突出的果味还有单宁带来的辛香交织在一起，口感微甜，余韵中长，气息干净。

CALVET RESERVE MERLOT CABERNET SAUVIGNON 2011
考维酒园-家族珍藏波尔多干红葡萄酒 2011

法　国

Silver Award
银奖

★ 300元区间 ★
（201～400元）

产区：

法国波尔多（Bordeaux，France）

葡萄品种：

80%美乐（Merlot）、20%赤霞珠
（Cabernet Sauvignon）

代理商： 上海米柯尼斯酒业有限公司

酒评：

　　此酒呈诱人的红宝石色，有突出的
红水果、黑樱桃、黑醋栗的香气，带有
点点辛香和烟熏的气息。口感圆润顺
滑，酒体饱满，与单宁达到完美平衡。
能从中品尝到成熟的红水果以及姜饼、
焦糖、黑胡椒的味道，回味悠长，酒精
度感觉明显。酒庄采摘最为成熟的葡
萄，经酿酒师考维的监控，在32～34℃的
高温下提取出优质单宁。

CHÂTEAU HAUT BRIGNOT 2010
罗蔓庄园干红葡萄酒2010

法　国

Silver Award
银奖
WINE
葡萄酒杂志

★ 300元区间 ★
（201～400元）

产区：
法国波尔多上梅多克（Haut-Médoc，
Bordeaux，France）

葡萄品种：
赤霞珠（Cabernet Sauvignon）、美乐
（Merlot）

代理商： 广东美隆堡酒业有限公司

酒评：

　　此酒呈漂亮的紫红色，开瓶后展现出馥郁的黑莓、黑樱桃等黑色浆果气息，在香气上就已先声夺人，使人感觉十分愉悦。入口后，单宁强劲，层次丰富，结构复杂，酸度高的同时也做到了很好的平衡，至少有5年以上的陈年能力。同时，这也是一款十分适合配餐的葡萄酒，配牛扒会是非常好的享受。

LA RESERVE DE SAINT-LOUIS 2011
尚忆超级波尔多珍藏干红2011

法　　国

Silver Award
银奖
WINE
葡萄酒杂志

★ 300元区间 ★
（201～400元）

产区：
法国超级波尔多AOC（Bordeaux Supérieur
AOC，France）
葡萄品种：
80%美乐（Merlot）、20%赤霞珠
（Cabernet Sauvignon）
代理商： 深圳兴宝丰

酒评：

　　深宝石红色，有很丰富的、成熟的水
果香气，如樱桃，黑色莓果等，同时也有
红色水果的细腻气息，香料的气息也比较
突出，有辛香，口感平衡而和谐。强劲的
香草和皮革味恰到好处地丰富了酒体的层
次，在收尾的时候能感觉到单宁的力度，
同时伴有比较明显的大地、泥土气息，余
味中长，是一款个性比较强的葡萄酒。

CLOS DES PINS 2012
黑松园红葡萄酒2012

法　国

Golden Award
金奖

300元区间
（201～400元）

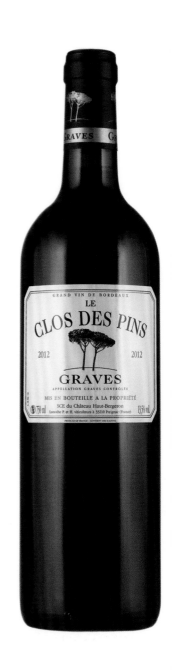

产区：

法国格拉夫（Graves，France）

葡萄品种：

60%美乐（Merlot）、40%赤霞珠
（Cabernet Sauvignon）

代理商： 广州富羽酒业有限公司

酒评：

　　此酒由美乐和赤霞珠混酿而成，这款酒拥有优雅的品质，石榴红的酒色，散发着清雅的果香，木桶陈酿后的口感完美地融合了红果香气和单宁，适合搭配红肉和软心奶酪。原装灌瓶、适合陈年，木桶陈酿12个月。

BASTION DE GARILLE CUVEE TRESOR 2010

嘉乐堡家族佳酿干红葡萄酒2010

法　国

Golden Award
金奖
WINE
葡萄酒杂志

★ 300元区间 ★
（201～400元）

产区：

法国朗格多克（Languedoc，France）

葡萄品种：

西拉（Syrah）、马尔贝克（Malbec）

代理商： 广州乐富葡萄酒有限公司

酒评：

　　此酒呈明亮通透的宝石红色，开瓶后散发出饱满诱人的果香与花香，如红梅、紫罗兰等香气都十分突出。入口后有中草药、树皮、梅子的味道。口感饱满，单宁强劲扎实，酒体层次复杂，变化丰富，回味悠长，值得玩味。

CARSIN CADILLAC 2008
凯星城堡贵腐甜白2008

Golden Award
金奖
WINE

★ 300元区间 ★
（201～400元）

产区：

法国波尔多（Bordeaux，France）

葡萄品种：

赛美蓉100%（Semillion）

代理商： 霍华德贸易有限公司

酒评：

　　此酒呈亮丽的金黄色，清澈透亮，中等酒体。香味浓郁，带有蜂蜜、姜花、柠檬和橘皮的气味。甜度中等，有强烈的杏干、香子兰、芒果、菠萝以及冰糖的味道，水果的酸味和柔和的甜味得到很好的平衡，十分融洽。长时间的余韵是回甜而又和谐的，整体口感圆润柔滑，十分讨好。贵腐甜白一向很受女士欢迎，这一款甜美、讨好而又融洽、平衡的甜白绝对更加出彩。

L'ESPRIT DE PENNAUTIER 2008
佩蒂艾斯红葡萄酒2008

法 国

Golden Award
金奖
WINE
葡萄酒杂志

★ 300元区间 ★
（201～400元）

产区：

法国朗格多克（Languedoc，France）

葡萄品种：

65%赤霞珠（Cabernet Sauvignon）、35%
西拉（Syrah）

代理商： 深圳市夏桑园酒业贸易有限公司

酒评：

　　这款来自法国佩蒂酒园的佳酿，葡萄果实采自葡萄园的最佳位置。酒体呈通透的暗宝石红色，曾在法国橡木桶中陈酿12～18个月，成熟度很好。香气强劲复杂，红莓等果香突出，伴有松露、芫荽的香味，胡椒的味道若隐若现。大口品之，厚重丰满的酒体，单宁与橡木桶的作用使其平衡性良好，且口感活泼，余韵中长。适饮期10年。适合搭配野味、鹿肉、鸭胸肉和硬芝士。

DOURTHE N°1 RED 2009
杜夫一号红葡萄酒2009

★ 300元区间 ★
（201～400元）

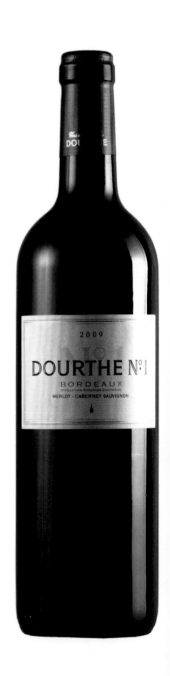

产区：

法国波尔多（Bordeaux，France）

葡萄品种：

65%美乐（Merlot）、35%赤霞珠
（Cabernet Sauvignon）

代理商： 骏德酒业

酒评：

　　此款酒精选波尔多和山丘区最优质
的美乐和赤霞珠葡萄品种酿造。葡萄酒
储存在新法国橡木桶内，为中度酒体干
红葡萄酒，呈美丽的宝石红色，如丝般
的酒体与单宁结合在一起，更有香料、
黑李子、草莓和黑浆果特性。典型的波
尔多右岸红葡萄酒，适合与生蚝、意大
利面和软奶酪配搭。

LARGOT GRAND VIN DE BORDEAUX 2010
法国波尔多琅格干红葡萄酒2010

法　国

Bronze Award
铜奖
WINE

★ 500元区间 ★
（401～650元）

产区：
法国波尔多山坡法定产区（Côtes de Bordeaux，France）
葡萄品种：
70%美乐（Melot）、30%赤霞珠（Cabernet Sauvignon）
代理商： 广州亘恒投资咨询有限公司

酒评：
　　琅格葡萄园坐落在围绕着加隆河的河谷中，平均株龄达到30年以上，土壤包含有石灰质黏土和特别厚的密集的碎石层。这款酒呈深石榴红色，蓝莓、蔓越莓果香混合，伴随丝丝香料和香草的味道，酸度鲜活。适饮温度为18℃，可陈年。

LAFLEUR LAROZE SAINT EMILION GRAND CRU 2010

拉若姿庄园副牌红葡萄酒2010

法　国

Bronze Award
铜奖
WINE

★ 500元区间 ★
（401～650元）

产区：
法国圣爱美隆（Saint Emilion，France）

葡萄品种：
68%美乐（Merlot）、26%品丽珠
（Cabernet Franc）、6%赤霞珠（Cabernet
Sauvignon）

代理商：珠海市塞纳贝尔酒业有限公司

酒评：

　　酒庄始建于1882年，于1955分级时
取得列级庄资格，是一个酒农家庭五代
人的传承。这款酒呈深红色，玫瑰花、
红色浆果、草莓及红莓的气息混合，又
融合少许肉桂气息，酒精度高，结构良
好，酒体扎实、饱满，口感复杂，具有
发展潜力。

AYALA BRUT MAJEUR
爱雅拉香槟

法 国

Golden Award
金奖

★ 500元区间 ★
（401~650元）

产区：

法国香槟（Champagne，France）

葡萄品种：

黑皮诺（Pinot Noir）、霞多丽
（Chardonnay）、莫尼耶品乐（Pinot
Meunier）

代理商： 捷成洋酒

酒评：

　　爱雅拉酒庄坐落于法国香槟的艾伊
地区，成立于1860年，于2005年被宝禄爵
（Champagne Bollinger）收购，两个酒庄
除了位置十分相近之外，酿造工艺上亦
十分相似。无年份香槟需要窖藏2年，而
年份香槟则需要窖藏4~5年。这款香槟
呈淡金色，泡沫细腻，入鼻馥郁芳香，
矿物、烤面包、酵母混合柠檬皮的气
息，入口口感爽脆，平衡细腻，果味馥

CHÂTEAU TOUR BICHEAU 2010
碧丝塔庄园红葡萄酒2010

Golden Award
金奖
WINE
葡萄酒杂志

★ 500元区间 ★
（401～650元）

产区：

法国格拉夫（Graves，France）

葡萄品种：

70%美乐（Merlot）、30%赤霞珠
（Cabernet Sauvignon）

代理商：誉锦酒业集团

酒评：

　　此酒有着漂亮的石榴红色，香气优雅，有着香料、橡木、雪松和丁香的味道，烘烤和成熟果香的味道亦伴随其中。在味蕾中，我们可以找到优雅的果香已经很好地融合在酒体中，整体结构非常平衡。

GOSSET BRUT EXCELLENCE NV
哥塞佳酿高泡葡萄酒

法　国

500元区间
（401～650元）

产区：
法国香槟（Champagne，France）
葡萄品种：
45%黑皮诺（Pinot Noir）、36%霞多丽
（Chardonnay）、19%莫尼耶品乐（Pinot
Meunier）
代理商： 屈臣氏酒窖

酒评：
　　柔和的淡黄色，气泡细腻，散发着
浓郁的李子、桃子和干果的香气，口感
丰富，饱满圆润。该佳酿清新优雅，兼
有淡淡的矿物特质。

ROSE DES MAURES
摩尔玫瑰

法　　国

Golden Award
金奖

500元区间
（401~650元）

产区：

法国博若莱（Beaujolais，France）

葡萄品种：

100%佳美（Gamay）

代理商： 广州富羽酒业有限公司

酒评：

　　水果芳香和玫瑰花香的完美结合，口感圆润而顺滑，还带有苹果和榛实的芬芳。适合搭配巧克力、甜品等美食。曾获Gilbert & Gaillard 指南金奖。

CHANSON PERNAND-VERGELESSES "LES VERGELESSES" 1ER CRU 2009
香颂家族佩南维哲雷斯红葡萄酒2009

法 国

★ 800元区间 ★
（651～900元）

产区：
法国勃艮第（Burgundy，France）
葡萄品种：
黑皮诺（Pinot Noir）
代理商：捷成洋酒

酒评：

　　此酒呈亮红宝石色。黑莓果脯及甘草的浓郁芳香之余，伴有恰到好处的香草味道。口感浓郁，复杂且均衡，与果香优美结合，具有良好的橡木味道及良好的单宁，回味持久非凡。

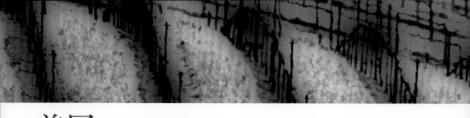

美国 AMERICA

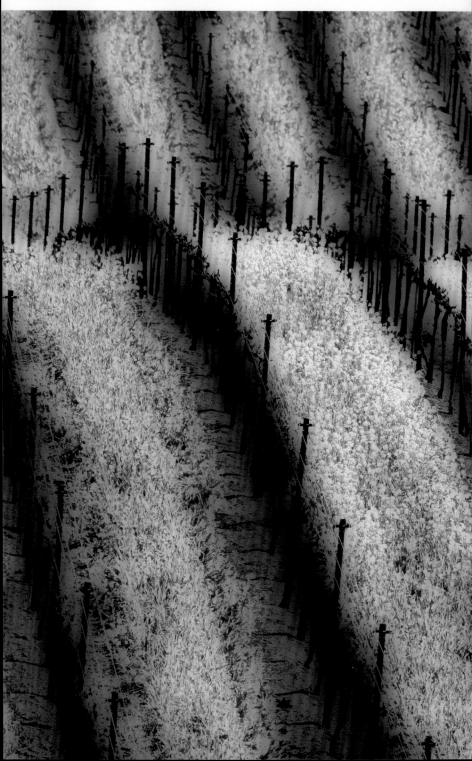

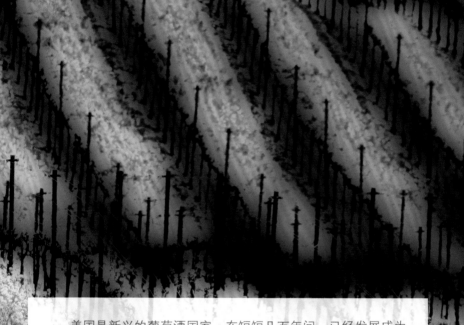

　　美国是新兴的葡萄酒国家，在短短几百年间，已经发展成为世界第四大葡萄酒生产国，仅次于老牌酿酒国家西班牙、法国和意大利。

　　现在，美国的50个州都在生产葡萄酒，而加州生产的葡萄酒占全国总量的89％。加州北部的纳帕谷（Napa Valley）是美国所有的产区中第一个名扬世界并且直到今天一直保持良好名声的产区。

　　美国葡萄酒多以所使用的酿酒葡萄品种名作为酒名，但被选作酒名的葡萄品种至少要占全部原料的50％以上。1983年，美国政府将这个含量提高至75％以上，并规定同时使用的品种名称不能超过3个，而且还必须列出每个品种的含量。

　　许多国际流行的葡萄品种，在美国都有非常不错的表现。霞多丽（Chardonnay）、黑皮诺（Pinot Noir）、赤霞珠（Cabernet Sauvignon）和美乐（Merlot）在美国也被广泛种植，可以酿造出果香浓郁的陈年佳酿。

　　而最让美国引以为傲的葡萄品种，当属仙粉黛（Zinfandel），曾经风靡美国的微甜桃红葡萄酒就是使用仙粉黛酿造的，这种酒在当地称为白仙粉黛（White Zinfandel）。加州许多著名的葡萄园中都种植有仙粉黛，可用它酿造出大量但较不强劲的葡萄酒，直到今天，仙粉黛仍然是美国加州的金字招牌。

BEARS' LAIR CABERNET SAUVIGNON 2010
金熊赤霞珠2010

美　国

Bronze Award
铜奖
WINE

100元区间
（51～200元）

产区：

美国纳帕谷（Napa Valley，United States）

葡萄品种：

赤霞珠（Cabernet Sauvignon）

代理商：烟台领昇酒业有限公司

酒评：

这款酒呈浅宝石红色，香草、红色浆果、枣泥的气息混合，酒体单薄，口感柔顺偏甜，简单怡人，现时适饮。

BEARS'LAIR SYRAH 2009
金熊西拉2009

美　国

Bronze Award
铜奖
WINE

100元区间
（51～200元）

产区：
美国纳帕谷（Napa Valley，United States）
葡萄品种：
西拉（Syrah）
代理商： 烟台领昇酒业有限公司

酒评：

　　这款酒呈明亮的浅宝石红色，具有清新的红色浆果气息，层次较淡薄，黑莓及覆盆子的混合气息清新怡人，是一款简单易饮的酒。

CANYON ROAD CABERNET SAUVIGNON 2011
凯岚加本内苏维翁干红葡萄酒 2011

美 国

100元区间
（ 51 ~ 200元 ）

产区：
美国加州（California，United States）
葡萄品种：
赤霞珠（Cabernet Sauvignon）
代理商： 上海东珍贸易有限公司

酒评：

　　凯岚这个品牌来自加州，为餐饮渠道独家打造，因最初在丽思卡尔顿酒店、四季酒店和棕榈酒店等豪华酒店的露面而被众多葡萄酒消费者熟知，致力打造高性价比的餐酒。这款酒呈浅紫红色，集中了橡木、樱桃、香料气息混合，入口口感强烈，单宁强劲，酒体适中，略带些许辛辣、香草以及橡木味，余韵中长。

CANYON ROAD MERLOT
凯岚梅洛干红葡萄酒

美 国

Silver Award
银奖
WINE
葡萄酒杂志

★ 100元区间 ★
（51～200元）

产区：

美国加州（California，United States）

葡萄品种：

美乐（Merlot）

代理商： 上海东珍贸易有限公司

酒评：

这款酒色泽呈明亮的宝石红色，散发出浓郁的黑醋栗与黑莓果香，还有优雅的橡木味。酒体饱满，单宁柔顺，回味有愉悦感。适合搭配东坡肘子、香酥鸡翅、烤肉或者意大利肉酱面。

CANYON ROAD MOSCATO
凯岚麝香白葡萄酒

美 国

Silver Award
银奖
WINE

100元区间
（51～200元）

产区：

美国加州（California，United States）

葡萄品种：

麝香葡萄（Moscato）

代理商： 上海东珍贸易有限公司

酒评：

　　这款凯岚麝香白葡萄酒，酒体轻盈，带有橙子和桃子的芬芳及花香。宜冰镇饮用，适合搭配糖醋鱼或者芝士蛋糕等甜点。

DONA SOL CHARDONNAY 2011
多娜索尔霞多丽2011

Bronze Award
铜奖
WINE

300元区间
（201~400元）

产区：
美国加州索诺玛郡（Sonoma County，
California，United States）

葡萄品种：
霞多丽（Chardonnay）

代理商： 烟台领昇酒业有限公司

酒评：

多娜，是罗马神话中酒神巴库斯派
到人间的使者，她那神女般的单纯神圣
与凡间少女般的时尚秀丽，吸引了众多
目光。此款酒体呈纯净的浅麦秆黄色
泽，混合了瓜果和香草的香气，清新爽
口，浓郁的香瓜、梨子和苹果味道，更
是沁人心脾，余韵干爽清冽，圆滑柔
顺。建议搭配贝类海鲜、猪肉、家禽以
及奶酪等食物。

RED HAT 2011
红帽赤霞珠干红葡萄酒2011

美 国

300元区间
（201~400元）

产区：

美国加州（California，United States）

葡萄品种：

100%赤霞珠（Cabernet Sauvignon）

代理商：佛山市南海区阳释贸易有限公司

酒评：

　　来自索依兰酒庄，位于美丽而富饶的加州海边的帕索罗布产区，那里白天阳光充沛，夜晚寒冷异常，非常适宜葡萄的生长。索依兰酒庄又称四姐妹酒庄，该酒庄的酒是四位美丽的女酿酒师的细腻佳酿。酒体呈宝石红色，红色水果气息清新浓郁，入口甜润，口感饱满，是一款简单易饮的佳酿。

DANCING BULL ZINFANDEL 2011
锐牛金粉黛红葡萄酒2011

美 国

Bronze Award
铜奖
WINE

300元区间
（201～400元）

产区：

美国加州（California，United States）

葡萄品种：

仙粉黛（Zinfandel）

代理商： 上海东珍贸易有限公司

酒评：

　　锐牛金粉黛红葡萄酒呈鲜亮的紫红色，极易入口，香气很开放，带有丰富的成熟黑莓、黑樱桃等黑色水果香味及树莓、草莓等红色水果的味道。黑椒和香草的辛香带来了更多层次的口感，令果味更加突出。具有鲜活的水果香味、软滑口感和浓烈酒质，可佐以烤肉或香浓的意大利面食酱等任何口味浓郁的菜肴。

ROBERT MONDAVI PRIVATE SELECTION PINOT NOIR 2011
蒙大菲私家精选黑皮诺红葡萄酒2011

美 国

Silver Award
银奖
WINE
葡萄酒杂志

★ 300元区间 ★
（201～400元）

产区：

美国加州（California，United States）

葡萄品种：

黑皮诺（Pinot Noir）

代理商： 捷成洋酒

酒评：

酒庄创始人罗伯特·蒙大菲（Robert Mondavi）于2007年被美国烹饪研究所列入了"酒商名人堂"，以表彰其毕生为加州葡萄酒产业作出的卓越贡献。这款黑皮诺酒体呈现诱人的浅宝石红色，柔软的单宁和清爽的酸度带出了成熟的樱桃、覆盆子等非常浓郁的红色水果气息，且香气十分舒展，花香和香料的味道也很突出。入口柔顺甜润，令人回味无穷。

DANCING BULL CHARDONNAY 2011
锐牛霞多丽白葡萄酒2011

美　国

Silver Award
银奖
WINE 葡萄酒杂志

★ 300元区间 ★
（ 201 ~ 400元 ）

产区：
美国加州（California，United States）
葡萄品种：
霞多丽（Chardonnay）
代理商： 上海东珍贸易有限公司

酒评：

　　这款酒集蒙特利郡霞多丽的典型水果浓香与长相思的爽脆酸度于一身。其青苹果、柑橘和热带水果香气混合的口味，使之成为一款清爽带有草味的霞多丽。由于不受木桶的影响，它具有突出的水果香味，几乎无残糖，酸爽清脆，每一啜都会令口舌为之一爽，是意大利面食、鸡肉、中餐以及烤干酪辣味玉米片等各类佳肴的首选的佐餐酒。

FREI BROTHER ALEXANDER VALLEY CABERNET SAUVIGNON 2008
费雷兄弟亚历山大谷加本内苏维翁红葡萄酒 2008

美 国

Silver Award
银奖
WINE
葡萄酒杂志

500元区间
（401～650元）

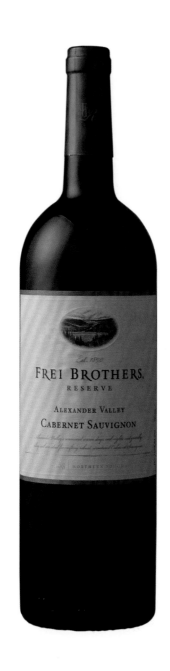

产区：
美国加州（California，United States）
葡萄品种：
赤霞珠（Cabernet Sauvignon）
代理商： 上海东珍贸易有限公司

酒评：

　　费雷兄弟珍藏版葡萄酒采用加州最好的生长地区的葡萄品种，品质性价比很高。费雷兄弟是一款香气浓郁并且品质突出的葡萄酒，能真正满足对葡萄酒有一定要求的消费者。长期以来，被世界酒评家罗伯特·帕克（Robert Parker）评分为88～89分。

RANCHO ZABACO SONOMA HERITAGE VINES ZINFANDEL 2010
萨尔堡索诺玛老藤金粉黛红葡萄酒 2010

美　国

Golden Award
金奖
WINE
葡萄酒杂志

500元区间
（401～650元）

产区：
美国加州（California，United States）

葡萄品种：
仙粉黛（Zinfandel）

代理商： 上海东珍贸易有限公司

酒评：

　　萨尔堡葡萄酒产自索诺马县的干溪谷（Dry Creek Valley），仙粉黛葡萄在这片土地上的种植历史长达150年。这款酒呈深紫红色，边缘带宝石红色泽，香气浓郁，带有醋栗、李子、草本植物、坚果的混合气息，伴随少许荔枝、玫瑰的花香，酒体轻盈、均衡。

KUNDE SONOMA VALLEY CHARDONNAY 2009
昆德霞多丽2009

美 国

产区：

美国加州索诺玛郡（Sonoma County, California，United States）

葡萄品种：

霞多丽（Chardonnay）

代理商： 烟台领昇酒业有限公司

酒评：

　　昆德庄园始于1904年，沉淀了几代人的智慧和心血，独特成熟的酿造工艺令昆德的葡萄酒广受赞誉。此款霞多丽酒体呈金黄色，散发着馥郁的成熟水果如梨子、菠萝及橡木香气，入口后呈现出青苹果、柠檬、甜胡椒及蜜橘风味，酒体优雅平衡，怡人的酸度带来清爽余韵，建议搭配新鲜烤比目鱼以及芒果沙拉。2010年10月，这款酒被*Wine & Spirits*杂志评为"年度最好霞多丽"。

KUNDE SONOMA VALLEY SYRAH 2006
昆德西拉2006

美　国

Silver Award
银奖
WINE
葡萄酒杂志

★ 800元区间 ★
（651～900元）

产区：
美国加州索诺玛郡（Sonoma County，
California，United States）

葡萄品种：
西拉（Syrah）

代理商： 烟台领昇酒业有限公司

酒评：

　　昆德庄园始于1904年，独特成熟的酿造工艺令昆德的葡萄酒广受赞誉。此款西拉酒体呈深紫色，散发着浓郁的果酱与黑莓芳香，且夹杂淡淡的香草气息，融合烘烤过的香料及柔和的花香，入口柔顺，酒体饱满，单宁柔和，与酸度达到完美平衡，余韵悠长，适合搭配烤羊腿。2010夏季*Quarterly Review of Wines*杂志将这款酒评为"加州五星级西拉"。

THE DONUM RUSSIAN RIVER VALLEY PINOT NOIR 200

美国加州朵那俄罗斯河谷黑比诺红酒 2007

美　国

★ 800元区间 ★
（651 ~ 900元）

产区：

美国加州俄罗斯河谷（Russian River Valley，United States）

葡萄品种：

黑皮诺（Pinot Noir）

代理商： 金丘贸易有限公司

酒评：

　　朵那庄园（Donum）的俄罗斯河谷产地环境、第戎品种的无性繁殖葡萄枝，结合2007年份，催生了至今最微妙精致的这款葡萄酒的特殊风味变化。2007年的葡萄花季适逢高温，产生了细碎且破损的浆果，因而收成减少，数量是前一年份的一半。由于果实颗粒小，葡萄串空间开放，因此这款酒水果风味特别强烈。

RANCHO ZABACO DRY CREEK VALLEY RESERVE ZINFANDEL 2010
萨尔堡干溪谷珍藏金粉黛红葡萄酒2010

美　国

★ 800元区间 ★
（651～900元）

产区：
美国，加州（California，United States）
葡萄品种：
仙粉黛（Zinfandel）
代理商： 上海东珍贸易有限公司

酒评：
　　萨尔堡干溪谷金粉黛葡萄酒是一款口感强烈的葡萄酒，具有浓缩了深红色樱桃的黑、蓝色果肉、成熟的李子及黑醋栗的果浆香气。博伊森树莓富含果酱，加上野蔷薇的清香增添了层次感，配合枫树及香荚兰豆的细腻口味，使得葡萄酒长久保持柔和口感。

南非 SOUTH AFRICA

　　南非葡萄酒产区的气候属于地中海式气候，气温炎热，来自南极的本格拉寒流（Benguela）途经南非西岸，带来了宝贵的凉爽气候。因此，南非最主要的葡萄园都集中在离海较近的地区，因为南非的内陆地区极其炎热干燥，降水稀少，有些地区年降雨量甚至少于200毫米，因此灌溉成为必需。南非的葡萄树大多选择种植在离海边较近的区域，有助于水分的吸收。

　　南非虽然气候炎热，却种植了一半以上的白葡萄品种，最重要的白葡萄品种是白诗南（Chenin Blanc），当地称作"Steen"，在这里白诗南风格多样，可以酿造从清爽的干白到不同甜度的甜酒，但最受人称赞的还是老树龄白诗南酿出的葡萄酒，风味尤其复杂浓郁。

　　近年来，南非许多产区改种了大量的霞多丽（Chardonnay）和长相思（Sauvignon Blanc），虽然还很年轻，却已经开始展现出未来的潜力，一些最新的酿酒技术被大胆的酿酒师运用，例如对霞多丽采用新橡木桶发酵，桶中熟成增加其酒体和复杂度，口感颇似勃艮第金丘（Côte de Or）的风格。长相思除保留原本的植物气息外，还通过橡木桶增加一些烘烤等更复杂的香气。

　　品乐塔吉（Pinotage）是南非的国家标志性品种，这是一种使用黑皮诺（Pinot Noir）与神索（Cinsault）交配而成的新品种，既可以经过橡木桶熟成，酿造出香气浓郁、口感粗犷、重酒体风格的葡萄酒，也可以酿造出口感轻盈柔软、带有红色莓果香气、适合大口饮用的葡萄酒。目前，品乐塔吉的潜力被不断开发出来，越来越受到世界的关注。

KINGS OF THE WILD CABERNET SAUVIGNON 2011
非洲之王赤霞珠2011

南　非

Silver Award
银奖
WINE
葡萄酒杂志

100元区间
（51～200元）

产区：
南非西开普省（Western Cape , South Africa）
葡萄品种：
赤霞珠（Cabernet Sauvignon）
代理商： 高树酒业

酒评：

　　这是一款风格与口感皆十分典型的赤霞珠葡萄酒。这款酒拥有奢华的水果芳香，层次分明且复杂，入口后还能感受到略带薄荷味的酒体骨架，搭配上柔和的单宁，给人以悠长的回味，和谐、均衡。

MANNENBERG CABERNET SAUVIGNON 2011
曼恩博格赤霞珠红葡萄酒2011

南　非

Golden Award
金奖
WINE

★ 100元区间 ★
（51 ~ 200元）

产区：
南非西开普省（Western Cape, South Africa）
葡萄品种：
赤霞珠（Cabernet Sauvignon）、美乐
（Merlot）
代理商： 捷成洋酒

酒评：

　　此款酒大胆，果味浓郁，具有红色
浆果和少许橡木香料的香气，并带有经
典赤霞珠黑醋栗和红醋栗的果香，单宁
柔滑悠长。

125

WILD THRONE SHIRAZ 2012
野性王座色拉子2012

南　非

★ 100元区间 ★
（ 51 ~ 200元 ）

产区：
南非西开普省（Western Cape，South
Africa）
葡萄品种：
设拉子（Shiraz）
代理商： 高树酒业

酒评：

　　此酒的酒体丰满，带有胡椒辛辣味
道的葡萄酒。散发着有层次感的浆果芳
香，口感如丝般顺滑，柔和的木本植物
味道也提升了其口感的复杂性。

西班牙 SPAIN

西班牙，是一个有着漫长的葡萄酒酿造及饮用历史的国家，也是目前世界上葡萄园种植面积最大的国家。

西班牙的气候变化多样：西北部的大西洋气候，冬季凉爽而不寒冷，夏季温暖而不炎热，全年雨量充沛；而东南部的地中海式气候，冬季温暖，夏天炎热且干燥，降雨量较少；中部则为大陆性气候，冬季寒冷，夏季炎热干燥，昼夜温差可达20℃。

西班牙的土壤也同样具有多样性的特点：里奥哈最好的土壤是石灰石质的黏土；斗罗河谷的土壤则是十分适合坦普拉尼罗生长的白垩土和石灰石；地中海沿岸主要是以板岩为主，而西海岸则以花岗岩为主。

多元的土壤类型成就了西班牙境内的大范围葡萄种植。在西班牙，几乎各地都可生产和酿造葡萄酒，其中最为知名的主要产区有里奥哈区（Rioja）、杜埃罗河的尤贝拉区（Ribera del Duero）、加利西亚区（Galicia）、安达鲁西亚（Andalucia）、加泰隆尼亚（Catalunya）。

西班牙最为出名的葡萄品种是添帕尼罗（Tempranillo），它是西班牙的国家标志性品种，特点是比较早熟，在酒中表现出草莓等红色水果香气，酸度较低，它和其他品种调配时也会有出色的表现，窖藏潜力强，能够展现复杂的陈年醇香。

另一个在西班牙种植最广泛的红葡萄品种是歌海娜（Grenache）。它的特性是产量高，成熟晚，含糖量高，所以需要在炎热和干旱的条件下才能完美地成熟，所酿造的葡萄酒通常酒精度比较高。

CASTILLO DE ALBAI 2011
爱宝莱维尤拉干白2011

西 班 牙

★ 100元区间 ★
（51～200元）

产区：

西班牙里奥哈（Rioja，Spain）

葡萄品种：

维尤拉（Viura）

代理商： 广东美隆堡酒业有限公司

酒评：

　　这款酒呈浅金黄色，白花、柠檬、柑橘的气息混合，入口有白胡椒、橘皮、蜂蜜的味道，中度酒体，酸度略低，是一款具有淡雅花香气息、简单怡人的酒款。

SEGURA VIUDAS ARIA
维达斯艾瑞娅起泡葡萄酒

西班牙

Silver Award
银奖
WINE
葡萄酒杂志

★ 100元区间 ★
（51～200元）

产区：
西班牙佩内德斯（Penedès，Spain）
葡萄品种：
50%马卡贝奥（Macabeo）、40%帕雷拉
达（Parellada）、10%沙雷洛（Xarello）
代理商： 屈臣氏酒窖

酒评：

　　这款酒在酒瓶中陈酿的时间达15个
月以上。酒液呈麦秆黄色，并略带点青
绿色，气泡丰富。在发酵的过程中，通
过低温且较长时间地让酒与酒渣接触，
使这款酒获得了更加独特的香味。口感
略带甜味，能充分感受到陈酿所赋予其
的酒香。

MONTE REAL CRIANZA 2008
皇家蒙特橡木红葡萄酒2008

西 班 牙

100元区间
（51~200元）

产区：
西班牙里奥哈（Rioja，Spain）

葡萄品种：
80%添帕尼罗（Tempranillo）、15%
玛佐罗（Mazuelo）、5%格拉西亚诺
（Graciano）

代理商： 骏德酒业

酒评：
　　酒庄只采用卓越年份的精选葡萄酿造，所以并非每个年份都能生产此类葡萄酒。此款酒酒体丰满，深琥珀红色，带有成熟橡木、黑浆果和轻微的肉桂香气。单宁柔顺，酸度适中，口感充满成熟饱满而优雅的里奥哈葡萄酒特性，余韵更有烤肉和香料的味道。

OSTATU BLANCO 2012
大途园干白2012

西 班 牙

Silver Award
银奖
WINE
葡萄酒杂志

300元区间
（201～400元）

产区：
西班牙里奥哈（Rioja，Spain）
葡萄品种：
维尤拉（Viura）、马尔维萨（Malvasia）
代理商： 上海维纳贸易发展有限公司

酒评：

　　此款干白的葡萄来自于山坡上的老树园，平均树龄在30～80年，人工选取成熟的葡萄，轻微去梗后在不锈钢桶中发酵，装瓶前经过轻微过滤，因而这款干白拥有淡雅、明亮且泛着浅绿的金黄色泽，可以闻到新鲜的苹果和春天青草的气息，表现得非常的细腻、优雅。入口清爽平衡且肥美宽厚，余味悠长，酸度结构好。

FINCA FABIAN SPARKLING
菲比昂有机起泡酒

西班牙

★ 300元区间 ★
（201~400元）

产区：
西班牙拉曼恰（La Mancha，Spain）
葡萄品种：
霞多丽（Chardonnay）、长相思
（Sauvignon Blanc）、维尤拉（Viura）
代理商： 誉锦酒业集团

酒评：

　　这款酒的气泡微小细致，由底部均匀地上升。清澈明亮的色泽，外加一点青黄色的基调，让你感觉格外清爽。有菠萝的香气，入口便能感受到奶油般的泡沫风味，酸度适中，散发着水果花香。

MONTE REAL RESERVA 2004
皇家蒙特窖藏红葡萄酒2004

Golden Award
金奖
WINE

★ 300元区间 ★
（201～400元）

产区：
西班牙里奥哈（Rioja，Spain）
葡萄品种：
80%添帕尼罗（Tempranillo）、15%
玛佐罗（Mazuelo）、5%格拉西亚诺
（Graciano）
代理商： 骏德酒业

酒评：

　　由于只采用卓越年份的精选葡萄酿造，所以并非每个年份都能生产此类葡萄酒。此酒酒体丰满，深琥珀红色，带有成熟橡木、黑浆果和轻微的肉桂香气。单宁柔顺，酸度适中，口感充满成熟饱满而优雅的里奥哈葡萄酒特性，余韵更有烤肉和香料的味道。适合搭配烧烤肉类、上等牛柳、东坡肉、台式卤肉和成熟的蓝芝士。

TORRE DE ONA RESERVA 2007
爵士园红葡萄酒2007

西 班 牙

Silver Award
银奖
WINE
葡萄酒杂志

500元区间
（401~650元）

产区：
西班牙里奥哈（Rioja，Spain）
葡萄品种：
95%添帕尼罗（Tempranillo）、5%玛佐罗
（Mazuelo）
代理商： 富隆酒业

酒评：
　　这款酒呈砖红色，咖啡、动物皮革、成熟的黑莓及蓝莓的气息混合，中度酒体，口感甜润，具有良好的平衡度，单宁柔顺，余味适中。

BARON DE LEY FINCA MONASTERIO 2008
西班牙巴戎砥砺蒙纳斯塔里奥精酿红葡萄酒2008

西 班 牙

Silver Award
银奖
WINE
葡萄酒杂志

★ 500元区间 ★
（401～650元）

产区：
西班牙里奥哈（Rioja，Spain）
葡萄品种：
添帕尼罗（Tempranillo）
代理商：捷成洋酒

酒评：

这款酒呈砖红色，烤果仁、草本植物、焦糖及香料的气息混合，中度酒体。入口后口感柔顺，单宁圆润，结构中等，收尾酸度突出。

MARCO REAL RESERVA DE FAMILIA 2006
皇家马尔柯家庭珍藏2006

500元区间
（401~650元）

产区：

西班牙纳瓦拉（Navarra，Spain）

葡萄品种：

添帕尼罗（Tempranillo）、赤霞
珠（Cabernet Sauvignon）、美乐
（Merlot）、格拉西亚诺（Graciano）

代理商： 中山市阿巴迪亚红酒商行

酒评：

此酒为陈酿珍藏级，深红色。酒香
细腻、幽雅、层次丰富，还带有黑色水
果的特殊香味。所选用的葡萄产自位于
桑索尔和拖雷斯里奥的贝拉斯科家族的
私人葡萄园，手工挑选树龄达到40年以
上的老藤葡萄进行酿造，然后用不同品
种的葡萄酒按比例调配装瓶，最后，瓶
装酒将在酒窖中再贮存2年以上。酒体中
完美融入了肉桂和香草的香气，入口饱
满，回味悠久。

MARTIN CENDOYA 2007
珈帝马丁1900红葡萄酒2007

Bronze Award
铜奖
WINE

★ 1000元区间 ★
（901~2000元）

产区：
西班牙里奥哈（Rioja，Spain）

葡萄品种：
80%添帕尼罗（Tempranillo）、15%格拉西亚诺（Graciano）、5%玛佐罗（Mazuelo）

代理商： 广州酩雅酒业有限公司

酒评：

　　珈帝庄园葡萄酒多年来便是西班牙皇室的特供酒，是西班牙最好的葡萄酒之一。珈帝马丁红葡萄酒是美国达美航空公司头等舱的指定用酒。葡萄树的树龄超过100年，以14个月法国橡木桶陈酿。经过22个月瓶中陈酿后，深褐色的酒体，散发出非常浓郁的果香、烤面包香和香草的香味。在橡木桶的充分陈酿后，此酒的表现犹如优雅的淑女，芬芳迷人，酒体丰满，结构和谐紧密、单宁柔滑、堪称酒中极品。

CAMPO VIEJO GRAN RESERVA 2002
帝国田园特级珍藏干红葡萄酒2002

西班牙

Golden Bottle Award
金樽大奖
WINE
葡萄酒杂志

1000元区间
（901~2000元）

产区：
西班牙里奥哈（Rioja，Spain）
葡萄品种：
添帕尼罗（Tempranillo）、格拉西亚诺
（Graciano）、马佐罗（Mazuelo）
代理商：保乐力加中国

酒评：

　　此酒呈石榴红到樱桃红色，带有新鲜水果酱香气以及木香，还带有香料气息。这款葡萄酒特点突出，变化丰富，回味悠长。适合与烧烤、带有浓汤的肉类菜肴、炖制菜肴以及成熟的奶酪组成理想的搭配。

希腊　GREECE

　　希腊是世界上最古老的葡萄酒酿造和饮用的国家之一，葡萄酒作为悠久辉煌的希腊文明的一部分，它的历史可以追溯到公元前700年和古罗马时期，希腊对于人类葡萄酒文化的发展和传播起到了重要的作用。

　　葡萄藤被广泛种植于希腊各地，其中最有特色的产区包括希腊北部、伯罗奔尼撒（Peloponnese）半岛以及周边小岛（如克里特岛，圣托里尼岛和萨摩斯岛）。尼米亚（Nemea）是伯罗奔尼撒半岛最重要的葡萄酒产区，以出产仅使用圣乔治葡萄酿造的红葡萄酒著称。

　　希腊拥有许多在世界其他产区无法找到的传统葡萄品种。最主要的白葡萄品种包括口味丰富、酸度爽口的罗柏拉（Robola），矿物口味的阿瑟帝（Assyrtiko）以及芬芳馥郁的玫瑰妃（Moschofilero）。在萨慕斯（Samos）岛上，麝香葡萄（Muscat）常被用于酿造品质优异的甜葡萄酒。

　　黑喜诺（Xinomavro）可说是希腊最优秀的红葡萄品种，希腊北部是希诺玛洛葡萄的家园，这种红葡萄只产于被称为"希诺玛洛三角"的Naoussa、Goumenissa和Amyndeo三地。其他重要的红葡萄品种包括风格多变的圣乔治（Aghiorghitiko），以及只产于利姆诺斯岛（Lemnos）的抗旱品种里姆尼欧（Limnio）。国际品种如赤霞珠、品丽珠、霞多丽以及长相思也流入了希腊，常见于以本土品种为主的混酿中。

PATHOS DRY RED WINE 2010
爱琴海干红葡萄酒2010

希　腊

Silver Award
银奖
WINE
葡萄酒杂志

★ 100元区间 ★
（51～200元）

产区：
希腊爱琴海群岛（The Aegean Sea Islands，Greece）
葡萄品种：
西拉（Syrah）、曼迪拉里亚（Mandelaria）
代理商： 希腊葡萄酒官方联盟"古威斯"系列葡萄酒中国办公室

酒评：

　　这款酒呈深红宝石色，略带黑草莓、李子和成熟的红果子香味，入口圆润，单宁顺滑，与肉酱意粉、烤肉类以及奶酪等食物搭配融洽。这款酒曾获2010年度德国"Mundus Vini"葡萄酒大赛金奖和第9届"塞萨洛尼卡国际葡萄酒大赛"银奖。

BOHEME SEMI DRY ROSE SPARKLING WINE
波希美桃红起泡酒

希 腊

Silver Award
银奖

100元区间
（51~200元）

产区：
希腊爱琴海群岛(The Aegean Sea Islands，
Greece)
葡萄品种：
曼迪拉里亚（Mandelaria）、麝香葡萄
（Muscat）
代理商： 希腊葡萄酒官方联盟"古威
斯"系列葡萄酒中国办公室

酒评：

这款酒呈浅粉红色，气泡细腻，香气细弱，具有红色水果如覆盆子、蔓越莓的混合气息，入口果味甘甜，干净细腻，是一款果味清新怡人、简单愉悦的酒款，适饮温度为6~8℃。这款酒还曾经获得"2012年萨洛尼卡国际葡萄酒大赛"金奖和"2013年Interwine国际葡萄酒及烈酒大赛"最佳桃红葡萄酒奖。

SAN GERASSIMO ROBOLA OF CEPHALONIA DRY WHITE
罗伯纳-圣杰拉索干白葡萄酒

希　腊

Silver Award
银奖
WINE

100元区间
（51~200元）

产区：

希腊凯法利亚岛（Cephalonia，Greece

葡萄品种：

罗柏拉（Robola）

代理商： 希腊葡萄酒官方联盟"古威斯"

系列葡萄酒中国办公室

酒评：

　　此款佳酿呈清澈的淡黄色，蕴含强烈复杂的花果香味，其中以西柚、新鲜白花、蜂蜜的芳香尤为突出。入口后的口感清新爽口，酸度中等偏高，非常提神醒脑，口感平衡，余韵悠长，无论是作为开胃酒还是佐餐酒都十分出色。

GREECE

"CLASSIC" ROBOLA OF CEPHALONIA P.D.O
罗伯纳经典干白葡萄酒

希 腊

产区：
希腊凯法利亚岛（Cephalonia，Greece）
葡萄品种：
罗柏拉（Robola）
代理商： 希腊葡萄酒官方联盟"古威斯"系列葡萄酒中国办公室

酒评：

　　罗伯纳葡萄是凯法利亚岛的独有品种，该岛位于希腊西部，面积仅相当于广州天河区大小，年产罗柏拉葡萄酒约5万瓶。此款佳酿呈水晶般清澈的浅黄色，蕴含强烈的柑橘香味，入口清爽，酒体圆润，富有层次感。这是一款清新、年轻的白葡萄酒。建议与鱼生、口味清新的菜蔬、水果搭配，可以取长补短、相得益彰。

147

NISSOS DRY RED WINE
佩萨尼索斯干红葡萄酒

希　腊

Silver Award
银奖
WINE

★ 300元区间 ★
（201～400元）

产区：
希腊克里特岛（The Crete Islands, Greece）

葡萄品种：
科茨法莉（Kotsifali）、西拉（Syrah）

代理商： 希腊葡萄酒官方联盟"古威斯"系列葡萄酒中国办公室

酒评：

　　这款葡萄酒结合了克里特岛充沛的阳光、独特的土壤和葡萄品种的优势，呈现出活泼的宝石红色，蕴含馥郁的果香，入口饱满，余韵流长。科茨法莉是克里特岛世代种植和酿制葡萄酒的本土葡萄品种，而来自克里特岛的设拉子给这瓶佳酿加入了更加国际化的风格和元素。这款葡萄酒获2012年德国国际葡萄酒体系评委会评分88分和"2013年中国环球葡萄酒及烈酒大赛"金奖。

KTIMA TSELEPOS AVLOTOPI 2009
阿鲁托匹干红葡萄酒2009

希　腊

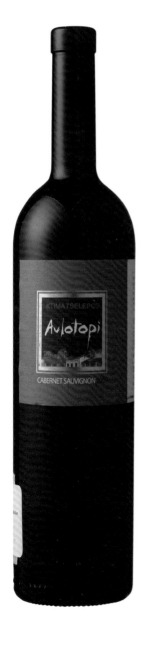

Bronze Award
铜奖
WINE
葡萄酒杂志

500元区间
（401～650元）

产区：
希腊伯罗奔尼撒阿卡狄亚（Arcadia，Peloponnese，Greece）

葡萄品种：
赤霞珠（Cabernet Sauvignon）

代理商： 西安茂麒进出口贸易公司

酒评：

　　这款酒体呈浓郁的深红色，红色浆果、香草、咖啡、辛香料及烤面包的香气逐渐呈现，果味的集中度良好，具有新鲜的酸度，单宁细腻，结构平衡。可以陈年10～20年。

SAMOS NECTAR SWEET WINE 2008
萨慕思十二众神之饮2008

希　腊

Bronze Award
铜奖
WINE
葡萄酒杂志

★ 500元区间 ★
（401～650元）

产区：

希腊萨慕思岛（Samos Island，Greek）

葡萄品种：

麝香葡萄（Muscat）

代理商： 希腊葡萄酒官方联盟"古威斯"系列葡萄酒中国办公室

酒评：

　　萨慕思岛，耸立在爱琴海之上800米的阿姆柏罗司山麓的圆形凹地，一层层的葡萄田沐浴在十分安谧而炽烈的阳光下。萨慕思农业葡萄酒联盟于1934年成立，现已将"原产地酒"（Name of Origin Controlled）标注在瓶标上，以保护这些优秀的产品。这款酒呈金黄色，带有浓郁的蜂蜜、蜜饯、荔枝及龙眼干的气息，口感浓郁，酸度突出，层次丰富。

BYZANTIUM RED DRY 2009
拜占庭干红2009

希 腊

Bronze Award
铜奖
WINE

★ 800元区间 ★
（651～900元）

产区：
希腊马拉松（Marathon，Greece）
葡萄品种：
90%赤霞珠（Cabernet Sauvignon）、10%
阿吉提可（Agiorgitiko）
代理商： 希腊葡萄酒官方联盟"古威斯"系列葡萄酒中国办公室

酒评：

　　此款拜占庭干红是由世界著名的法国飞行酿酒师米歇尔·罗兰（Michel Rolland）倾情打造的，由他创建的"英诺帝国"是一个世界水平的高端葡萄酒系列。此款酒呈充满活力的深红色，有水果、黑胡椒、覆盆子、雪松和香料味道。酒体饱满，有着天鹅绒般丝滑的口感，并带有强烈的李子味。单宁集中且成熟，酸度平衡，余味悠长且带有香料的辛香。

新西兰 NEW ZEALAND

　　新西兰是世界上最年轻的移民国家之一。波利尼西亚移民约在公元500—1300年间抵达，成为新西兰的原住民毛利人。已知首批到此的欧洲人是奉荷兰东印度公司之命而来的荷兰人亚伯·塔斯曼（Abel Tasman）所带领的船队，在1642年抵达"南北岛"西岸。

　　新西兰由南到北纬度相距约有6°，对照北半球相同位置，大约等于巴黎到非洲北部（涵盖欧洲最负盛名的几处产区：勃艮第、隆河、波尔多、乡堤），照理说南半球上的国家应是最适合种植酿酒葡萄的国家，可是事实上由于海岛型多雨气候，使得新西兰温度较低，因而与北半球欧洲的大陆型气候有着极大的差异。新西兰距离澳洲约有1600多公里，全岛绿草如茵，主要以畜牧业为主，近30年间葡萄耕种逐渐发展成为重要农业项目之一。

　　新西兰出产具有独特热情口感的新西兰长相思（Sauvigonon Blanc）和同样是其白酒特色的霞多丽（Chardonnay）、雷司令（Reisling）。虽然没有传统意义上表现非常突出的红酒，但近两年来在优质品牌的阵线中出现的部分赤霞珠（Cabernbet Sauvigonon）和美乐（Merlot），都是有上佳表现的酒，而不少顶尖厂牌也在黑皮诺（Pinot Noir）上取得了世界范围的口碑。

SPY VALLEY PINOT NOIR 2011
斯巴河谷黑皮诺红葡萄酒2011

新 西 兰

Silver Award
银奖
WINE

100元区间
（51～200元）

产区：
新西兰马尔堡（Marlborough，New
Zealand）
葡萄品种：
黑皮诺（Pinot Noir）
代理商： 屈臣氏酒窖

酒评：

　　这款酒呈石榴红色，混有干香料的
气息，还有浓郁的黑莓、李子以及微微
的咖啡香气，在口感上显现出多层次的
甜美果味和奶油味，并带有当地典型的甘
草和红色水果味道，让人感觉愉悦可口。

GIESEN BROTHERS SAUVIGNON BLANC 2011
兄弟系列马尔堡长相思白葡萄酒2011

新 西 兰

Bronze Award
铜奖
WINE

★ 300元区间 ★
（201 ~ 400元）

产区：

新西兰马尔堡（Marlborough，New Zealand）

葡萄品种：

长相思（Sauvignon Blanc）

代理商： 上海全仁国际贸易有限公司

酒评：

　　吉森酒庄创始于1980年，经过30年的不懈努力，如今已成为马尔堡产区最著名的酒庄之一。这款酒色泽纯净，香气集中，酒体优雅。典型马尔堡长相思的香气，青草与干药草气息中，伴有柚子、碎石与番石榴味道，入口多汁，酸度充足怡人，散发接骨木花、柠檬皮及碎香料的滋味，带有矿物质的余韵十分诱人。

RIMAPERE SAUVIGNON BLANC 2012
五箭长相思白葡萄酒2012

300元区间
（201～400元）

产区：

新西兰马尔堡（Marlborough，New Zealand）

葡萄品种：

长相思（Sauvignon Blanc）

代理商：捷成洋酒

酒评：

　　酒液呈淡黄色，散发出强烈且富表现力的百香果、柠檬皮和葡萄柚气味，夹杂着优质的矿物质气息。入口微甜，口中回荡着复杂的柑橘类植物、白色花卉和异域水果的风味，良好的酸度，此酒呈现出优秀的平衡度和鲜度，是一款非常典型的新西兰长相思。

DOG POINT PINOT NOIR 2009
多吉帕特酒庄黑皮诺红葡萄酒2009

新 西 兰

Golden Award
金奖
WINE
葡萄酒杂志

★ 500元区间 ★
（401~650元）

产区：
新西兰马尔堡（Marlborough，New Zealand）
葡萄品种：
黑皮诺（Pinot Noir）
代理商： 屈臣氏酒窖

酒评：
　　此酒深宝石红色，带有成熟红色水果、紫罗兰的香气，同时伴随着泥土的芬芳、烟熏气息及辛辣橡木的滋味。浓郁红色水果味与橡木带来的甜味及辛辣味完美结合。余味细腻且绵长。

ROCKBURN PINOT NOIR 2010
红石酒园贝露娃红葡萄酒2010

新 西 兰

Golden Award
金奖
WINE

★ 500元区间 ★
（401~650元）

产区：
新西兰中奥塔哥（Central Otago，New Zealand）

葡萄品种：
黑皮诺（Pinot Noir）

代理商： 富隆酒业

酒评：

　　这款酒呈深宝石红色，带有烤坚果、小浆果混合草本的气息，酒体中等偏薄，单宁柔滑，口感活泼，余韵具有一定长度。这是一款果味新鲜、活泼有力的黑品乐。

RAPAURA SPRINGS VINEYARD RESERVE CENTRAL OTAGO PINOT NOIR 2009
拉帕泉酒园珍藏中奥塔哥黑皮诺红葡萄酒2009

新 西 兰

Silver Award
银奖
WINE
葡萄酒杂志

★ 800元区间 ★
（651～900元）

产区：

新西兰中奥塔哥（Central Otago，New Zealand）

葡萄品种：

黑皮诺（Pinot Noir）

代理商： 上海东珍贸易有限公司

酒评：

　　此酒由中奥塔哥罗波产区葡萄园精选的葡萄酿制而成，采用有机种植方法。此酒酒体平衡，果香芬芳，酸度完美，用野生酵母发酵，打造复杂有层次的酒体，发酵后在法国橡木桶中陈酿10个月后成熟。此酒散发着浆果之浓醇，酒味温婉动人，混合着水果的芳香，单宁入酒，口感丝滑。现在已是适饮期，当然陈年后会更有风味。较为理想的搭配是野味、羊肉、香菇等。

GIESEN AUGUST 1888 SAUVIGNON BLANC 2010
兄弟系列奥古斯特1888白葡萄酒2010

新 西 兰

★ 1000元区间 ★
（901～2000元）

产区：

新西兰马尔堡（Marlborough，New Zealand）

葡萄品种：

长相思（Sauvignon Blanc）

代理商： 上海全仁国际贸易有限公司

酒评：

　　这款酒混合了各种香味，在杯中芬芳四溢。蜜桃与油桃的味道带领着成熟核果清爽的气息，草本植物的香味伴随着柠檬香草与荨麻草的提味，五香的混合气息会同香草豆、奶油香扑鼻而来。酒体与果香的集中，使整个味蕾被甜美包裹着，柑橘、成熟的醋栗奶香四溢。此酒展现了完美的酒精度、甘度及酸度的结构组合，带你感受这款美酒的震撼与张扬。

意大利 ITALY

　　因其地理位置之利，意大利拥有广阔的纬度范围，从北部的阿尔卑斯到与非洲隔海相望的南部皆适宜葡萄生长。拥有狭长的海岸线，有助于调节沿海葡萄酒产区的气候；拥有广泛的高山和丘陵地带，能提供各种适宜葡萄种植的气候和不同的土壤条件。意大利几乎所有地区都有种植葡萄，并拥有超过100万个葡萄园。2000年后，意大利成为世界上最重要的葡萄酒生产国之一。2008年，意大利凭借当年年产量近60亿升击败法国，成为世界上最大的葡萄酒生产国。

　　人们往往认为意大利葡萄酒价格便宜，并且容易使人兴奋。意大利的葡萄酒，从柳条长颈大肚瓶装奇安帝红葡萄酒，到味甜多泡的摩德纳葡萄酒，红葡萄酒基本上占80%。大部分的意大利红葡萄酒含较高的果酸，口味强劲，易醉人，单宁的强弱则依葡萄品种不同而各有不同，经过适当的陈年，一样可以发展出高雅、细致的红葡萄酒。意大利白葡萄酒大多以清新口感和宜人果香为其特色。气候的微小差异，几个世纪来对品味的坚持，让这个国家各个产区特色更明显，不断改良之后的衍生支系也日渐庞杂，形成今日"百家争鸣"的热闹景致。

VIPRA BIANCA IGT 2012
灵蛇干白葡萄酒IGT 2012

意 大 利

★ 100元区间 ★
（51~200元）

产区：

意大利翁布里亚（Umbria，Italy）

葡萄品种：

格莱切托（Grechetto）、霞多丽
（Chardonnay）

代理商： 广州意乐贸易有限公司

酒评：

　　这是一款风格独特的白葡萄酒，颜色较深沉，呈暗金色，但却是一款拥有怡人的杏仁、金合欢和柑橘香味的干白葡萄酒，香气的风格清新而浓郁，看上去是一款"重口味"，实则为"小清新"，整体风格平衡而柔和。

VIPRA ROSSA IGT 2012
灵蛇干红葡萄酒2012

意 大 利

100元区间
（51～200元）

产区：
意大利翁布里亚（Umbria，Italy）
葡萄品种：
70%美乐（Merlot）、20%桑娇维
塞（Sangiovese）、10%蒙帕塞诺
（Montepulciano）
代理商： 广州意乐贸易有限公司

酒评：

这款酒的色泽呈深红色，整体呈现
出的风格犹如一条独特的"灵蛇"。这
款以美乐为主的红葡萄酒，香气中充满
了浓郁的黑莓、覆盆子、黑醋栗等果
香，同时还有香草、烤烘的气息，单宁
有结构感，层次分明，口感平衡。

CHIARO PROSECCO DOC
奇里奥气泡葡萄酒

意 大 利

Silver Award
银奖
WINE
葡萄酒杂志

★ 100元区间 ★
（51 ~ 200元）

产区：
意大利威尼托（Veneto，Italy）
葡萄品种：
普塞克（Prosecco）
代理商： 捷成洋酒

酒评：

　　这款起泡酒呈淡黄色，气泡绵密且
优雅，酒香诱人，有着馥郁的热带水果
气息，让人忍不住想多喝上几口。入口
后的酒体平衡轻盈，风味和谐，是一款
适合在炎炎夏日冰镇快饮的开胃好酒。

CAMPORSINO-PRINCIPE CORSINI
2010基安帝王子经典红葡萄酒

意 大 利

Golden Award
金奖
WINE
葡萄酒杂志

★ 100元区间 ★
（51～200元）

产区：
意大利奇安帝（Chianti，Italy）
葡萄品种：
桑娇维塞（Sangiovese）
代理商： 广州酩雅酒业有限公司

酒评：

　　基安帝王子经典红葡萄酒则是普林西普·柯斯妮（Principe Corsini）家族的入门级产品，这是该酒庄在圣卡夏诺另外的一个葡萄园。而该葡萄园地势陡峭，矿石较多。因而，矿石的风情已完全与葡萄融为一体，令此酒的酒体显得非常淳朴、平衡，更适合入门级别的饮用，让饮家能以平易近人的价格体验到高贵的传统意大利贵族风格。

SANTA MARGHERITA PROSECCO DEMI SEC
玛卡丽甜魅宝雪歌气泡酒

意 大 利

★ 100元区间 ★
（51～200元）

产区：
意大利威尼托（Veneto，Italy）
葡萄品种：
普塞克（Prosecco）
代理商： 富隆酒业

酒评：

此酒呈明亮稻草黄色调，气泡细腻而持久。香气馥郁优雅，勾勒出柑橘和成熟水果的甜美气息，伴随着精致的鲜花和洋槐蜜香。入口充盈诱人甜蜜，活泼酸度带来清爽舒适的口感，动感十足的气泡贯穿悠长、芳香的余味，和谐而不失活力。

SCAPRA MOSCATO D'ASTI 2013

嘉丽·阿斯蒂区麝香种甜白起泡葡萄酒2013

意 大 利

100元区间
（51～200元）

产区：
意大利皮埃蒙特（Piedmont，Italy）

葡萄品种：
麝香葡萄（Moscato）

代理商： 广州白云国际机场股份有限公司旅客服务分公司

酒评：

　　此酒呈亮丽的菊黄色，香气浓郁，带有成熟桃子的气息。入口气泡丰富，口感清爽，回味甜美。冷藏至5～9℃品饮口感更佳，适合与水果或甜品搭配饮用。

SANTA MARGHERITA PROSECCO BRUT 52
玛卡丽起泡酒

意 大 利

300元区间
（201～400元）

产区：
意大利瓦尔多比亚德内（Valdobbiadene, Italy）

葡萄品种：
普塞克（Prosecco）

代理商： 富隆酒业

酒评：

　　此酒颜色呈明亮的稻草黄色并泛有绿色的光泽。细闻之下，有桃子、阿拉伯树胶花蕾、苹果还有凤梨的混合香气。优雅的果香和适中的酸度在口腔中平衡得恰到好处。气泡持久，香气浓郁。这款酒是非常出色的餐前酒，可搭配各式开胃菜。而酒标上的"52"则是为了纪念酒庄1952年开始酿造起泡酒。

BELCANTO DIBELLSSI VALDOBBIADENE PROSECCO SUPERIOR
百畅宝赛格起泡酒

意 大 利

Silver Award
银奖
WINE

300元区间
（201～400元）

产区：
意大利威尼托（Veneto，Italy）
葡萄品种：
普塞克（Prosecco）
代理商： 广州淳厦尚酒贸易有限公司

酒评：

　　酒体呈漂亮的浅金色，气泡细致、有力，十分活泼。香气以白花香为主，同时伴有柠檬皮、芦荟等香气。入口清爽甜美，余韵中长，绝对是夏日消暑的必备良伴。无论是作为可口的餐前酒，还是用作增加派对气氛的开场酒，都会是很好的选择。甜美的个性相信会更受女性饮家青睐。

SANTA MARGHERITA CHIANTI CLASSICO 2008
玛卡丽（经典基安帝）红葡萄酒2008

意 大 利

★ 300元区间 ★
（201～400元）

产区：
意大利经典奇安帝（Chianti Classico，
Italy）
葡萄品种：
桑娇维塞（Sangiovese）
代理商： 富隆酒业

酒评：

　　此酒呈亮丽的深宝石红色，该酒香
气清新十足，经橡木桶培养，有明显的
香草气息，夹杂着桑娇维塞独有的辛辣
味，清香迷人。口感上仍能感受到橡木
桶所赋予的气味，相拥而至的是丰富的
野生莓果香味，夹带一丝丝辛辣味，带
给人深刻的印象。入口十分柔顺，单宁
柔软，口感活泼，平衡性很好。

MEZZACORONA PINOT GRIGIO RISERVA DOC 2010
梅佐考罗那-灰比诺珍藏干白葡萄酒2010

意 大 利

Silver Award
银奖
WINE
葡萄酒杂志

★ 300元区间 ★
（201～400元）

产区：
意大利特伦蒂诺法定产区（Trentino DOC，Italy）
葡萄品种：
灰皮诺（Pinot Gris）
代理商： 上海米柯尼斯酒业有限公司

酒评：

　　梅佐考罗那酒庄在特伦蒂诺的高山上培育自主葡萄品种，经由人工采摘，在16～18℃下进行发酵。酒体色泽呈浅麦秆黄色，成熟水果芳香扑鼻，青苹果气息尤其明显，与透出的橡木香味相融合。口感和谐，酒体中等，气质优雅而精致。建议搭配烤面包、玉米粥和白肉，与伴着蘑菇的意大利特有面条搭配饮用尤其可口。

TANCA FARRA D.O.C 2008
唐风干红2008

Silver Award
银奖
WINE

★ 300元区间 ★
（201～400元）

产区：

意大利萨丁岛（Sardinia，Italy）

葡萄品种：

50%赤霞珠（Cabernet Sauvignon）、50%
卡诺娜（Cannonau）

代理商： 金巴厘（北京）贸易有限公司

酒评：

　　此酒来自风景美丽的萨拉莫庄园。
酒庄拥有超过550公顷葡萄园，各类葡萄
酒总年产量可达800万瓶。此款葡萄酒
酒体呈宝石红色，果香成熟并有怡人的
植物气息，如辣椒叶、甘草等。酒体中
等，结构平衡，单宁柔顺。2003年份的唐
风干红曾获得著名酒评人罗伯特·帕克
91分的高分。

BELLUSSI VALDOBBIANDENE PROSECCO SUPERIORE DOCG DRY
白露超级宝赛格起泡酒

意 大 利

Golden Award
金奖
WINE

★ 300元区间 ★
（201~400元）

产区：
意大利威尼斯优质瓦尔德比亚代内地区
（Valdobbiandene，Venice，Italy）
葡萄品种：
普塞克（Prosecco）
代理商： 尚酒会

酒评：
这款起泡酒采用罐式香槟法，由新鲜的普塞克葡萄在高压釜中萃取酿造而成。优雅的酒体、精致的芬芳与缠绵的气泡有机结合，使这款酒无论在何种场合都会有出众的表现。

FRESCOBALDI NIPOZZANO RISERVA CHIANTI RUFINA DOCG 2008
花思蝶力宝山路珍藏红葡萄酒2008

意 大 利

300元区间
（201~400元）

产区：
意大利托斯卡纳（Tuscany，Italy）
葡萄品种：
90%桑娇维塞（Sangiovese）、10%其他
代理商： 捷成洋酒

酒评：

　　这款酒呈深紫红色，香气层次多样，有酸樱桃、覆盆子及干李子的香气，还伴有黑胡椒、香草、可可粉的香气，令辛辣的印象逐渐得到提升。温热的酒精感为其在口中的平滑质感做出辅佐，清怡、活泼的酸度以及丝滑的口感，融合优秀的单宁带来令人印象深刻的雅致。其收结绵绵不绝，富有果香，使这款酒更加协调、均衡。

FRESCOBALDI TENUTA FRESCOBALDI DI CASTIGLIONI TOSCANA IGT 2009
花思蝶特努塔佳奇红葡萄酒2009

意　大　利

Golden Award
金奖
WINE
葡萄酒杂志

★ 300元区间 ★
（201~400元）

产区：
意大利托斯卡纳（Tuscany，Italy）
葡萄品种：
赤霞珠（Cabernet Sauvignon）、美乐
（Merlot）、品丽珠（Cabernet Franc）、
桑娇维塞（Sangiovese）
代理商： 捷成洋酒

酒评：

　　此款美酒有着多层次且诱人的香
味。首先闻到的是黑巧克力的香味，紧
接着是果酱浓郁的果香味，最后香料所
带来的辛辣味使收结的口味新鲜且夹杂
着一丝薄荷味，收结悠长、优雅。

SAGACE RISERVA 2007
沙加爵陈年红葡萄酒2007

意 大 利

300元区间
（201~400元）

产区：
意大利奇安帝（Chianti，Italy）

葡萄品种：
桑娇维塞（Sangiovese）、卡内奥罗
（Canaiolo）、科罗里诺（Colorino）

代理商： 霸高酒庄

酒评：

　　出产于意大利奇安帝法定产区，拥
有意大利最高等级"DOCG"，存于小
型法国橡木桶8个月以待成熟。中度酒
体干红葡萄酒，深红色泽，沉醉在木桶
内，陈年香气，复杂闻鼻，拥有令人意
外的果实诱惑，展现了奇安帝的特色。

DIMONIOS CANNONAU DI SARDEGNA DOC RISERVA SELLA & MOSCA 2009
萨拉莫世家酒庄帝莫尼斯珍藏干红葡萄酒2009

意 大 利

300元区间
（201～400元）

产区：

意大利萨丁岛（Sardinia，Italy）

葡萄品种：

100%卡诺娜（Cannonau）

代理商： 金巴厘（北京）贸易有限公司

酒评：

此酒呈宝石红色，带有优雅精致的地中海气息。口感强劲，结构平衡，单宁适中，富含红色浆果气息，适合搭配萨丁岛的传统肉食以及烤猪等食物，适饮温度为18℃。

"PATRIALE"ROSSO
"百萃红"干红

意 大 利

500元区间
（401～650元）

产区：
意大利托斯卡纳（Tuscany，Italy）
葡萄品种：
40%普拉米蒂沃（Primitivo）、30%蒙帕
塞诺（Montep ulciano）、20%黑达沃拉
（Nero d'Avola）、10%美乐（Merlot）
代理商： 广州意味悠长商贸有限公司

酒评：

　　此酒是比西尼酒庄的荣誉产品，旨
在向意大利著名的葡萄产区致敬。这款
酒的特别之处是选取不同地区、不同年
份、不同品种的葡萄进行混酿，然后经
过12个月橡木桶陈酿，呈现深邃的宝石
红色，充满黑樱桃、无花果、咖啡和烟
熏的香气，口感温暖，单宁厚实，富有
层次和变化，持续散发成熟浆果的芳
香，和谐柔顺，回味悠长，独具魅力。

智利　CHILE

　　坐落于南美洲西南端的智利，地域狭长，东倚安第斯山脉（Andes），西濒太平洋，南接南极洲。得天独厚的地理条件和宜人的地中海气候塑造出智利无与伦比的自然风貌，为智利葡萄的生长提供了有利的条件。由于其天然的地理环境，这里与世隔绝，无病菌及根瘤蚜虫的侵害，葡萄藤也未嫁接，土地纯净，极其适合有机种植，因此，智利也获得了"葡萄酒天堂"的美名。

　　早在16世纪西班牙人征服美洲最西边大陆的时候，就将被统称作"Vitis Vinifera"（欧洲葡萄类型的泛称）的葡萄带入了南美大陆。

　　智利人在酿酒的手法上传承了波尔多体系。例如智利伟大的政客和酿酒师Don Silvestre Errázuriz将赤霞珠（Cabertnet Sauvignon）、马尔贝克（Malbec）、长相思（Sauvignon Blanc）、美乐（Merlot）、雷司令（Riesling）以及赛美蓉（Semillon）引种智利，还聘用了来自法国的酿酒学家监管葡萄园的运作。随后法国开始爆发根瘤蚜灾难，很多法国的酿酒世家不甘心眼看自己的葡萄园被毁，于是来到南美寻找新的葡萄酒事业发展契机，同时也带来了丰富的经验和先进的技术。

　　时至今日，智利的葡萄酒已经跃居世界第三，在世界范围内尤其是英国、日本非常受欢迎。智利酒以物美价廉的餐酒形象走上中国超市酒窖的货架，是2000年之后的事。

TAMAYA MERLOT 2011
大玛雅缤纷梅洛红葡萄酒2011

智 利

Silver Award
银奖

★ 100元区间 ★
（51～200元）

产区：

智利利马里谷（Limarí，Chile）

葡萄品种：

美乐（Merlot）

代理商： 深圳市瑞文贸易有限公司

酒评：

　　此酒呈现宝石红色，有浓厚的草莓、樱桃、野莓果的水果气息，伴有皮革、草本、土壤的气息，余韵中还有胡椒味，口感宽厚，入口清爽，草本植物和花香味十足。坚定活泼的单宁让它可以窖藏数年。

COUSINO MACUL "ANTIGUAS RESERVAS" CABERNET SAUVIGNON 2010
古仙露赤霞珠珍藏红葡萄酒2010

智 利

Silver Award
银奖
WINE
葡萄酒杂志

★ 100元区间 ★
（51～200元）

产区：
智利麦坡山谷（Maipo Valley，Chile）
葡萄品种：
赤霞珠（Cabernet Sauvignon）
代理商： 捷成洋酒

酒评：

　　这款酒呈深红色，在橡木桶中存放了12个月，并在瓶中存酿6个月。这款酒有着强烈的黑醋栗的味道，还带有令人印象深刻的花香调，并伴着香草的口味，口感丝质顺滑，是一款物超所值的好酒。

AMARAL SAUVIGNON BLANC
海韵园白沙威浓白葡萄酒

智 利

产区：
智利利达谷（Leyda Valley，Chile）
葡萄品种：
长相思（Sauvignon Blanc）
代理商： 富隆酒业

酒评：

清新凉爽，带有清香的柑橘味、柠檬味、梨子味及淡淡的矿物味，还能闻到杯中飘来的百花类香气，十分迷人。入口能明显感受到白葡萄酒特有的酸度，酒体丰满而爽脆，香气持久清新，是一款十分开胃的白葡萄酒。

LA PAZ CABERNET SAUVIGNON 2011
娜帕斯加本力苏维翁红葡萄酒2011

智　利

100元区间
（51～200元）

产区：
智利中央山谷（Central Valley，Chile）
葡萄品种：
赤霞珠（Cabernet Sauvignon）
代理商： 深圳市瑞文贸易有限公司

酒评：

　　这款酒呈深宝石红色，具有成熟、馥郁的黑色水果香气，伴有烤橡木香气以及甜美的香料味道，酒体优雅圆润，入口能明显地感受到樱桃和李子的果香味在口腔绽放，如搭配上天鹅绒般丝滑的单宁，口感极佳。

LA PAZ MERLOT 2012
娜帕斯梅洛红葡萄酒2012

100元区间
（51～200元）

产区：
智利中央山谷（Central Valley，Chile）
葡萄品种：
90%美乐（Merlot）、10%佳美娜
（Carmenère）
代理商： 深圳市瑞文贸易有限公司

酒评：

这款酒呈深红宝石色，浓郁的黑莓和蓝莓果香味，轻微的雪松和烤面包味扑鼻而来，令人陶醉。酒体优雅、丰厚，层次感强，黑莓和黑醋栗香味被香草和巧克力味紧紧地包围。经6个月橡木桶陈酿（其中50%美国桶，50%法国桶），使用100%新桶酿造。

SANTA CAROLINA RESERVA DE FAMILIA CARMENERE 2010
圣卡罗家族珍藏加文拿红葡萄酒2010

300元区间
（201～400元）

产区：

智利兰佩谷（Valle del Rapel，Chile）

葡萄品种：

佳美娜（Carmenere）

代理商： 富隆酒业

酒评：

　　圣卡罗在智利国内是深受喜爱的老品牌，拥有超过130年的酿酒历史，而在国际上，也是智利名气最大的3家酒庄之一。这款酒呈深宝石红色。散发矿物和淡淡的草药清香，尾随香料和成熟李子、蓝莓等蓝色水果气息。入口柔滑、醇厚，口感层次丰富，香气集中，后味绵长。陈年潜力约达8年。

PILLAR GRAN RESERVA CARMENERE 2009
宝乐园家族陈酿加文拿红葡萄酒2009

智利

Golden Award
金奖
WINE

500元区间
（401～650元）

产区：

智利莫莱谷（Maule Valley，Chile）

葡萄品种：

佳美娜（Carmenere）

代理商： 广州酩雅酒业有限公司

酒评：

这款酒呈深宝石红色，散发黑加仑、烟熏、摩卡的气息，混合丝丝铅笔木屑般的橡木气息，入口口感如丝绒般顺滑，伴随着一丝焦糖奶油的辛香，余韵悠长，富有个性。

VIÑA TAMAYA SYRAH WINEMAKER'S GRAN RESERVE 2010
大玛雅酿酒师特藏设拉子红葡萄酒2010

智　利

Golden Award
金奖

500元区间
（401～650元）

产区：

智利利马里谷（Limari，Chile）

葡萄品种：

西拉（Syrah）

代理商： 深圳市瑞文贸易有限公司

酒评：

　　这款酒体色泽呈现深厚浓郁的暗紫红色，香气浓郁，成熟的浆果、黑醋栗、黑胡椒的气息融合着轻微的紫罗兰气味，口感饱满，酒体厚实，具有良好的结构感，单宁圆润细腻。

FAMILY SAGA 2009
家族传奇红葡萄酒2009

智　利

500元区间
★（401~650元）★

产区：
智利中央山谷（Central Valley，Chile）
葡萄品种：
设拉子（Shiraz）、佳丽酿
（Carignan）、赤霞珠（Cabernet
Sauvignon）
代理商： 深圳市夏桑园酒业贸易有限公司

酒评：

　　浓郁的樱桃和黑加仑果香，还带有
一些花香和薄荷香气。口感非常优雅，
单宁丝绒般柔滑，还带有些许雪茄和黑
巧克力的味道。酒体饱满，余味绵长。
在橡木桶中陈酿16个月，其中30%为新法
国桶、20%为新美国桶、50%为旧桶。装
瓶前经过轻微的过滤。

RAICES NOBLES CABERNET SAUVIGNON 2009
名门赤霞珠红葡萄酒2009

智 利

Golden Award
金奖
WINE
葡萄酒杂志

★ 500元区间 ★
（401～650元）

产区：
智利麦坡山谷（Maipo Valley，Chile）
葡萄品种：
95%赤霞珠（Cabernet Sauvignon）、5%佳美娜（Carmenere）
代理商： 骏德酒业

酒评：

　　为纪念智利之花酒庄成立160周年而酿制，荣获*Decanter*杂志四星推荐。酒体丰满，色泽深红。拥有山莓、黑醋栗、黑李子、咖啡、烟叶和橡木气味。入口甜美，充满成熟的红浆果、黑醋栗和甘草味道。酒体结构丰富、结实，橡木与水果味道结合得天衣无缝。口感果味持续着浓郁而优雅的悠长余韵。

RAVANAL MR MARIO RAVANAL 2007
雷文马里奥红葡萄酒2007

智 利

Silver Award
银奖
WINE
葡萄酒杂志

★ 1000元区间
（901～2000元）

产区：

智利科查瓜谷（Colchagua，Chile）

葡萄品种：

60%佳美娜（Carmenere）、40%设拉子
（Shiraz）

代理商：佛山市南海区阳释贸易有限公司

酒评：

　　酿酒师采用树龄为100年以上的葡萄，在不锈钢罐里把温度控制在23～25℃之间进行真空发酵，再转入全新的法国橡木桶中发酵18个月。灌瓶后，在地窖里存放2年以上才推出市场。酒色迸发出如深红宝石的辉煌色泽，酒体浑厚结实，口感圆润柔软，单宁如丝绸般细致，优雅浑厚的口感，整体的均匀感令人回味绝佳，果味浓郁喷发着曼妙香草气味、优雅可可香和热情的咖啡香气，丝滑幼细的质感，让人沉醉其中。

中国 CHINA

  中国的葡萄酒发展历史在汉武帝时期就有清晰的记载，那时张骞出使西域时从大宛带来欧亚种葡萄，得到了汉武帝的重视，使当时的葡萄种植业经历了从创建、发展到繁荣的不同阶段。

  最近十几年来，中国葡萄种植面积与日俱增，现有酒庄超过500个，其中包括100多个大规模的酒庄。许多本土的酿酒师都曾在法国学习过酿酒。

  中国幅员辽阔，南北纬度跨度大，在北纬25~45°广阔的地域里，分布着各具特色的葡萄酒产地，但由于葡萄生长受到特定生态环境以及当地经济发展程度等因素的影响，这些产地的规模都较小，且较分散。其中主要的酿酒葡萄产区有：胶东半岛产区、昌黎-怀来产区、东北产区、宁夏产区、新疆产区、甘肃武威产区、西南产区和清徐产区。在地理区域上，这八大产区大致还可以划分为东部、中部和西部三大区。

  在中国广泛种植的酿酒葡萄中，以红葡萄品种为主。其中，赤霞珠以超过2.3万公顷的栽培面积成为中国栽种面积最大的引进品种。除此之外，红葡萄品种还有美乐（Merlot）、品丽珠（Cabernet Franc）、蛇龙珠（Cabernet Gernischet）、黑皮诺（Pinot Noir）等；而白葡萄品种则有龙眼（Dragon Eye）、贵人香（Italian Riesling）、霞多丽（Chardonnay）、雷司令（White Riesling）、白玉霓（Ugni Blanc）等，其中龙眼为我国古老而著名的晚熟酿酒葡萄品种。中国葡萄酒具有中等酒体、平衡柔顺的风格特征，易于搭配各种菜肴，也完全配得上源远流长、色香俱全的中国菜。

DOMAINE HELAN MOUNTAIN SPECIAL RESERVE CABERNET SAUVIGNON 2010
贺兰山美域珍藏赤霞珠2010

产区：

中国宁夏贺兰山东麓（Ningxia East Region, China）

葡萄品种：

赤霞珠（Cabernet Sauvignon ）

代理商： 保乐力加（中国）贸易有限公司

酒评：

　　贺兰山东麓是中国的明星产区。在2010年的中国葡萄酒挑战赛上，2008年份的贺兰山美域珍藏赤霞珠一举摘得"最佳中国本土葡萄酒"大奖，备受国际知名葡萄酒权威酒评家们的喜爱。2010年份延续了之前的精彩，果香成熟饱满，口感活泼，带有橡木桶赋予的辛香，酸度足够平衡，非常出色。

DOMAINE HELAN MOUNTAIN SPECIAL RESERVE CHARDONNAY 2010
贺兰山美域珍藏霞多丽2010

中　国

Bronze Award
铜奖
WINE
葡萄酒杂志

★ 300元区间 ★
（201～400元）

产区：

中国宁夏贺兰山东麓（Ningxia East Region, China）

葡萄品种：

霞多丽（Chardonnay）

代理商： 保乐力加（中国）贸易有限公司

酒评：

此款酒颜色呈浅金黄色，澄清透亮，果香愉悦，带有霞多丽葡萄酒较为典型的柑橘类水果以及青苹果、坚果的气息，酒体较轻，口感柔顺，后味较短，略带苦味。贺兰山东麓的寒凉气候以及充足的光照赋予了这款酒新鲜活泼的酸度和平衡的酒体，柔顺的口感易于被大多数人所接受，海鲜、家禽都是不错的搭配选择。

附　录

APPENDIX

一、《葡萄酒》杂志简介

　　《葡萄酒》杂志，由南方出版传媒股份有限公司主管，广东时代传媒有限公司主办，广东《葡萄酒》杂志社有限公司出版发行，创刊于2009年1月，总部位于广东省广州市，是目前国内最专业、最权威的葡萄酒生活方式类杂志，以广东为根基，影响力逐渐覆盖全国各地，是中国特色葡萄酒品评体系的建立者，主张以葡萄酒演绎人生，致力于将葡萄酒与中餐完美结合，让越来越多的中国人爱上葡萄酒，爱上葡萄酒的生活方式。2011年，意大利一级酒庄协会对最佳国际上的葡萄酒记者、作家和出版物进行评奖。在最终选举产生的八个奖项中，《葡萄酒》杂志作为唯一获奖的中文媒体，荣获最佳国际出版物奖。

　　《葡萄酒》杂志的读者们，年龄介于30～45岁，男性与女性的比例为6∶4，中国人和外国人的比例为9∶1。他们是一群自信、有品位的都市人，思想活跃开放，易于接受新鲜事物，热爱时尚文化，享受品质生活；他们对美食有一定的兴趣，他们都对葡萄酒有一定的认知和喜好，这是中国最新也是最有价值的读者人群；他们都关心怎么喝葡萄酒，喝什么葡萄酒，他们都追求品质生活，因为喜欢葡萄酒，所以更懂得去鉴赏优雅和奢华。

　　在栏目设置上，杂志秉承内容多样化、版式鲜活化、图片高档化的原则，在保证文章内容的专业性同时，也兼顾了读者视觉上的享受。主要栏目包括：

　　·试饮会（每月一次主题盲品，邀请读者亲身体验，与编辑、顾问专家一起在味蕾上走遍世界各大产区）

　　·餐酒搭配（探索酒与菜的奇妙搭配，有无限的创意组合）

　　·行走（带读者了解产区风土特色及代表酒庄，全面呈现葡萄酒产地的历史与文化）

· 走进名庄（选取在中国市场中备受关注与讨论的世界名庄，介绍名庄的故事，追溯名庄的历史，反映名庄酒在市场中的价格动态）

· 名家专栏（专业顾问与作者团队的犀利观点，我们带你抢先看）

创刊至今6年以来，《葡萄酒》杂志一直秉承专业态度，向国内葡萄酒爱好者以及酒商客户们呈现既专业有深度又生动鲜活的葡萄酒相关内容与资讯，强大的顾问与专家作者团队也为杂志的专业性、权威性提供了更大保障。顾问与专家作者团队包括有四位葡萄酒大师，包括：葡萄酒大师黛布拉·麦格（Debra Meiburg MW）、葡萄酒大师简·斯基尔顿（Jane Skilton MW）、葡萄酒大师斯蒂夫·史密斯（Steve Smith MW）以及新晋的首位华裔葡萄酒大师张懿萱（Jennifer Docherty MW）。除此以外，还有国内外的葡萄酒专家们的鼎力支持，包括：法国著名酒评人米歇尔·贝丹（Michel Bettane）、国内著名酒评人、葡萄酒作家林裕森、刘伟民、陈耀明等。而由《葡萄酒》杂志主办的金樽奖评选，在经历了6年的踏实发展后，也已经成为国内备受关注的年度葡萄酒盛事。

《葡萄酒》杂志详细信息：
国内统一刊号：CN44—1658/C
国际标准刊号：ISSN1674—5523
邮发代号：46-187
定　价:人民币25元，港币50元，国内外统一发行
印　刷：蒙肯纸全彩色印刷
版　面：112P
出　刊：单月刊（每月25号出刊）
开　本：215mm×275mm
发行量：13.6万（全媒体覆盖）
官方网站：www.wine-mag.com
官方微博：@葡萄酒杂志WINEMAG
官方微信：wine_mag

二、2009—2014年金樽奖获奖酒款总表

2009年金樽奖获奖酒款

中文酒名	外文酒名
最佳葡萄酒 （100元区间）	
奔富酒园蔻兰山设拉子加本力干红	Penfolds Koonunga Hill Shiraz Cabernet
加撒庄园干红葡萄酒2006	Quinta do Casal Branco Red 2006
南澳禾富庄园黄牌加本力苏维翁干红	Wolf Blass Yellow Label Cabernet Sauvignon
圣米亚禾恩奴红	Santa Mia Reserve Range 2005
圣山白碧马尔堡长相思白葡萄酒	Whitecliff Sauvignon Blan 2007
苏比亚当酒庄精选	Farmer's Market Cabernet Melot Shiraz
阿根廷鹰格堡庄七星红葡萄酒	Clos de los Siete
爱神木色拉子	Myrtle Grove Shiraz
奥卡瓦-希拉红葡萄酒	Obikwa Shiraz
奥卡瓦赤霞珠红葡萄酒	Obikwa—CabernetSauvignon
奥卡瓦苏伟浓白葡萄酒	Obikwa—Sauvignon Blanc
柏克鲁夫巧克力庄园	Boekenhoutskloof Chocolate Block
宝华龙庄园(红)	CH. Bauvallon 2006
宝尚父子博恩古堡白葡萄酒	Bouchard Beaunedu Château Blanc
贝灵哲庄园 武士谷加本力苏维翁干红	Beringer Knights Valley Cabernet Sauvignon
奔富酒园 BIN407 加本力苏维翁干红	Penfolds Bin407 Cabernet Sauvignon
黛伦堡橄榄林夏多内-白	
德萨庄园波尔多红葡萄酒	Château Deuzac Bordeaux RedWine
都美拉菲	Laltiee Dumile
杜伯哈斯.波尔多红葡萄酒	Château Dupres Bordeaux Red Wine
杜伯哈斯朗德酒庄红葡萄酒	Château Dupres Rartour Red Wine
杜夫一号波尔多 白葡萄酒	Dourthe No. 1 Bordeaux Blanc 2007
杜夫一号波尔多红葡萄酒	DourtheNo. 1 Bordeaux Rouge 2006
多罗·金纯精选干红葡萄酒	Douro Messias Selection Red
法国Castel家族牌 波尔多高级干红葡萄酒	AOC Bordeaux Castel
法国Castel家族牌美露高级干红葡萄酒	VDP OC Merlot Castel
禾富酒园\灰牌设拉子\干红	Wolf Blass Grey Label Shiraz

中文酒名	外文酒名
禾斯曼赤霞珠红葡萄酒	Helmsman Cabernet Merlot 2004
狐狸湾庄园梅帕船长设拉子/卡本妮弗朗克	Fox Creek JSM Shiraz-Cabernet-Franc
花思蝶莫尔末特红葡萄酒	Mormoreto Cabernet Auvignon IGT 2003
黄金冰谷冰酒（金钻级）	Golden Icewine Valley
杰卡斯莎当妮半干白葡萄酒	Jacob's Creek Chardonnay 2008
杰卡斯西拉/加本纳干红葡萄酒	Jacob's Creek Shiraz Cabernet 2006
解百纳（特选级）	
卡氏家族马尔贝克	Catena Malbec
卡氏家族夏多内	Catena Chardonnay
拉菲奥希耶珍宝	Lafite Aussieres White
拉菲巴斯克十世	Lafite Le Dix de Los Vascos
拉菲凯洛	Lafite Caro
拉森堡.波尔多红葡萄酒	Larsonb Bordeaux Red Wine
雷臣庄园特级红葡萄酒	Château Reysson Reserve
麓鹊红葡萄酒	Luce IGT 2005
马里昂伯爵夫人 2006	Comtesse De Marion
玫瑰山庄玛郎格武仙红	GSM Mclaren Vale 2005
玫瑰山庄钻石酒标系列西拉红	Rosemount Diamond Label 2006
美景庄园色拉子	House of Certain Views Shiraz
蒙大菲酒园纳帕谷长相思白葡萄酒	Napa Valley Fumé Blanc 2005
蒙大菲纳帕谷赤霞珠红	Napa Valley Cabernet Sauvignon 2005
蒙大菲纳帕谷珍藏黑品诺	Napa Valley Reserve Pinot Noir 2006
蒙丽坦酒庄	Montia Estate
莫斯卡托甜白葡萄酒	Moscato D'Asti
莫意克纳塞古堡红葡萄酒	Moueix Château La Serre
莫意克香露古堡红葡萄酒	Moueix Château Chantalouette
穆顿黑标1998	1998 Morton Estate
奈裴斯赋格曲	Nepenthe
奈裴斯心约干白	Nepenthe Tryst White

续表

中文酒名	外文酒名
南非法兰西之角庄园小维多红葡萄酒	Franschhoek Cellar Petit Verdot
南非力宝庄园红葡萄酒	La Providence CS
南非罗伯乐富齐酒桶特醇赤霞珠红	Baron Edmond 2004
南非石溪庄园老树加本力红葡萄酒	Stony Brook Ghost Gum Cabernet Sauvignon
帕罗维诺酒庄黑达互拉红葡萄酒	Nero d'Avola 2007
葡萄牙 红葡萄酒	Douro Messias Selection
葡萄牙 红葡萄酒	Quinta do Casal Branco
葡萄牙 葡萄酒（红）	Falcoaria Reserva Red
葡萄牙 葡萄酒（红）	Douro Qta Cachao Grande Escolha Red
圣艾蒂	Senadie
圣安东尼奥 庄园 蒙地加比红葡萄酒	Tenuta S.Antonio Valpolicella Superiore Doc Ripasso Monti Garbi
圣吉提科2007	Agiorgitiko 2007
圣血古堡红葡萄酒	Le Sang Des Cathares Vieux Château
双栖山庄玛格丽特河赤霞光荣红	Margaret River Cabernet Sauvignon 2005
松树庄红葡萄酒	Château Pinerate 2004
苏比亚当 设拉子维欧尼精选	Sorby Adams Shiraz Vioginer
苏比亚当蒙蒂曦起泡酒	Soby Adans "Morticia" Sparking Shiraz
索莱酒园玛丽小溪加本力苏维翁干红	Saltram Mamre Brooke Cabernet Sauvignon
台阶典藏马尔贝	Terrazas Resever Malbec
台阶夏多内	Terrazas Chardonnay
拓特庄园(红)	CH. Tour de Guiet 2005
王都庄园小维戈红葡萄酒	Kingston Estate Petit Verdot
西班牙马丁内斯庄园三丽人红葡萄酒	Vino Tinto Tres Racimo
锡牌 梅洛	Tempus Two Merlot
意大利巴伐洛丽塔红葡萄酒2007	Rosetta
鹦鹉螺苏维翁白	Nautilus Sauvignon Blanc
御兰堡手选设拉子维安尼亚红葡萄酒	Yalumba Hand Picked Shiraz Viognier
酝思库瓦拉山庄赤霞珠红葡萄酒	Wynns Cabernet Sauvignon 2005

中文酒名	外文酒名
最佳葡萄酒 （300元区间）	
博尔盖里-哇瓦啦2005	Bolgheri Varvara Rosso DOC 2005
格罗纳庄园(红)	Jean Le Grognard 2005
黄金冰谷冰酒（金钻级）	Golden Icewine Valley
杰卡斯珍藏版莎当妮干白葡萄酒	Jacob's Creek Reserve Chardonnay 2007
雷臣庄园特级红葡萄酒2006	Château Reysson Reserve 2006
猎鹰精选干红葡萄酒2005	Falcoaria Reserva Red 2005
玫瑰山庄钻石酒标系列西拉红葡萄酒2006	Rosemount Diamond Label 2006
南非法兰西之角庄园小维多红葡萄酒	Franschhoek Cellar Petit Verdot
南非力宝庄园红葡萄酒 2002	La Providence Cabernet Sauvignon 2002
双栖山庄玛格丽特河赤霞光荣红2005	Margaret River Cabernet Sauvignon 2005
苏比亚当 设拉子维欧尼精选	Sorby Adams Shiraz Vioginer
意大利巴伐洛丽塔红葡萄酒2007	Bava Rosetta Malvasia 2007
阿根廷鹰格堡庄七星红葡萄酒	Clos de los Siete
黛伦堡橄榄林夏多内	
都美拉菲	Laltiee Dumile
杜伯哈斯.波尔多红葡萄酒	Château Dupres Bordeaux Red Wine
杜夫一号波尔多 白葡萄酒	Dourthe No. 1 Bordeaux Blanc 2007
杜夫一号波尔多红葡萄酒	Dourthe No. 1 Bordeaux Rouge 2006
法国Castel家族牌 波尔多高级干红葡萄酒	AOC Bordeaux Castel
禾富酒园灰牌设拉子干红	Wolf Blass Grey Label Shiraz
狐狸湾庄园梅帕船长设拉子/卡本妮弗朗克	Fox Creek JSM Shiraz-Cabernet-Franc
杰卡斯珍藏版西拉干红葡萄酒	Jacob's Creek Reserve Shiraz 2006
卡氏家族马尔贝克	Catena Malbec
卡氏家族夏多内	Catena Chardonnay
拉菲奥希耶珍宝	Lafite Aussieres White
拉森堡.波尔多红葡萄酒	Larsonb Bordeaux Red Wine
马里昂伯爵夫人 2006	Comtesse De Marion

续表

中文酒名	外文酒名
蒙大菲酒园纳帕谷长相思白葡萄酒	Napa Valley Fumé Blanc 2005
蒙丽坦酒庄	Montia Estate
葡萄牙 葡萄酒（红）	Falcoaria Reserva Red
圣艾蒂	Senadie
圣安东尼奥 庄园 蒙地加比红葡萄酒	Tenuta S.Antonio Valpolicella Superiore Doc Ripasso Monti Garbi
圣吉提科	Agiorgitiko 2007
松树庄红葡萄酒	Château Pinerate 2004
索莱酒园玛丽小溪加本力苏维翁干红	Saltram Mamre Brooke Cabernet Sauvignon
拓特庄园(红)	CH. Tour de Guiet 2005
西班牙马丁内斯庄园三丽人红葡萄酒	Vino Tinto Tres Racimo
鹦鹉螺苏维翁白	Nautilus Sauvignon Blanc

最佳葡萄酒
（500元区间）

贝灵哲庄园 武士谷加本力苏维翁干红2006	Beringer Knights Valley Cabernet Sauvignon 2006
奔富酒园 BIN407加本力苏维翁干红2006	Penfolds Bin 407 Cabernet Sauvignon 2006
禾斯曼赤霞珠红葡萄酒2004	Helmsman Cabernet Merlot 2004
卡桥庄园艾丝科干红葡萄酒	Douro Qta Cachao Grande Escolha Red
玫瑰山庄玛郎格武仙红GSM 2005	Mclaren Vale 2005
蒙大菲纳帕谷赤霞珠2005	Napa Valley Cabernet Sauvignon 2005
酝思库瓦拉山庄赤霞珠红葡萄酒2005	Wynns Cabernet Sauvignon 2005
柏克鲁夫巧克力庄园	Boekenhoutskloof Chocolate Block
宝尚父子博恩古堡白葡萄酒	Bouchard Beaunedu Château Blanc
杜伯哈斯朗德酒庄红葡萄酒	Château Dupres Rartour Red Wine
美景庄园色拉子	House of Certain Views Shiraz
奈裴斯赋格曲	Nepenthe
南非罗伯乐富齐酒桶特醇赤霞珠红	Baron Edmond 2004
南非石溪庄园老树加本力红葡萄酒	Stony Brook Ghost Gum Cabernet Sauvignon
葡萄牙 葡萄酒（红）	Douro Qta Cachao Grande Escolha Red
圣血古堡红葡萄酒	Le Sang Des Cathares Vieux Château

中文酒名	外文酒名
苏比亚当蒙蒂曦起泡酒	Soby Adans"Morticia" Sparking Shiraz
御兰堡手选设拉子维安尼亚红葡萄酒	Yalumba Hand Picked Shiraz Viognier

最佳葡萄酒
（800元区间）

花思蝶莫尔末特红葡萄酒2003	Mormoreto Cabernet Auvignon IGT 2003
拉菲巴斯克十世2006	Lafite Le Dix de Los Vascos 2006
拉菲凯洛2006	Lafite Caro 2006
蒙大菲纳帕谷珍藏黑品诺	Napa Valley Reserve Pinot Noir2006
莫意克纳塞古堡红葡萄酒	Moueix Château La Serre
莫意克香露古堡红葡萄酒	Moueix Château Chantalouette
穆顿黑标1998	1998 Morton Estate
锡牌 梅洛	Tempus Two Merlot

最佳葡萄酒
（1000元区间）

麓鹊红葡萄酒2005	Luce IGT 2005

2010年金樽奖获奖酒款

中文酒名	外文酒名
最佳葡萄酒 （100元区间）	
法国颂家庄园红葡萄酒 2002	L'Enclos De Château Lezongars 2002
干露三重奏卡本妮苏维翁/设拉子/卡本妮弗朗克2008	Trio Cabernet Sauvignon/Shiraz/Cabernet Franc 2008
杰卡斯酿酒师臻选系列莎当妮2009	Jacob's Creek Winemaker's Selection Chardonnay 2009
佩兰父子农庄世家红2009	La Vieille Ferme Côtes du Ventoux Rouge 2009
新玛利珍匣苏维翁白2009	Villa Maria Private Bin Sauvignon Blanc 2009
阿贝王子白品乐半干白葡萄酒2007	Domaines Schlumberger Les Princes Abbes Pinot Blanc 2007
阿根廷雷诺酒庄"奔图"马尔贝克经典红葡萄酒2009	Bodega Renacer "Punto Final" Malbec Clasico 2009
艾拉莫马尔贝克	Alamos Malbec
半岛解百纳苏维翁干红葡萄酒 2008	Half Island Cabernet Sauvignon 2008
标准系列赤霞珠红酒	Cabernet Sauvignon
德利卡设拉子2008	Delicato Shiraz 2008
干露三重奏梅洛/卡麦妮/卡本妮苏维翁 2009	Concha y Toro Trio Merlot–Carmenere–Cabernet Sauvignon 2009
干露三重奏夏多内/灰皮诺/白皮诺2007	Trio Chardonnay/Pinot Grigio/Pinot Blanc 2007
瑰宝庄园干红葡萄酒	Herencia De LaVilla
贺兰山美域经典霞多丽	2008 Domaine Helan Mountain Classic Chardonnay
凯岚加本内苏维翁红葡萄2008	Canyon Cabernet Sauvignon Red 2008
劳顿庄园2004	Château Maudon Cuvee Prestige mo 2004
露森雷司令白葡萄酒2008	Dr. Loosen Riesling 2008
玫瑰山庄西拉2009	Rosemount Shiraz 2009
圣美隆世家子爵干红葡萄酒2009	Saimilion Syrah 2009
圣米亚赤霞珠珍藏2006	Santa Mia Cabernet Sauvignon Reserve 2006
雅系列卡本妮苏维翁红葡萄酒	Yalumba "TheYSeries" Cabernet Sauvignon
	Fantinel Prosecco

中文酒名	外文酒名
最佳葡萄酒 （300元区间）	
"萨尼亚"优质巴贝拉红葡萄酒	Barbera D'Alba Superiore "Sarnia" DOC
阿根廷雷诺酒庄"奔图"马尔贝克典藏红葡萄酒2007	Bodega Renacer "PuntoFinal "Malbec Reserva 2007
阿根廷雷诺酒庄"依娜多"红葡萄酒2008	Bodega Renacer "ENAMORE" 2008
巴洛莎设拉子维安尼亚红葡萄酒	Barosssa Shiraz Viognier
蒂玛尼单一葡萄园赤霞珠2006	Single Vineyard Cabernet Sauvignon 2006
法国美林图尔庄园红葡萄酒2001	Château Tour Du Haut Moulin 2001
法国维格庄园格瑞斯至尊红葡萄酒2004	Vanvert Winery "Noble Gress" 2004
干露侯爵卡本妮苏维翁2008	Marques De Casa Concha Cabernet Sauvignon 2008
干露侯爵梅洛2007	Marques De Casa Concha Merlot 2007
卡氏家族马尔贝克2007	Catena Malbec 2007
琳慕诗麝香甜白2009	Limnos White Dry 2009
葡国牛头珍藏红2005	Cabeca De Toiro Reserve 2005
骑士马林陈酿（红）2003	Chevalier Alier Marin Reserva 2003
圣米亚禾恩奴红葡萄酒2006	Santa Mia Hoyo En Uno 2006
圣山白碧马尔堡苏维翁白葡萄酒2009	Sacred Hill Whitecliff Sauvignon Blanc 2009
特纳斯克洛西拉维欧尼干红葡萄酒2006	Turners Crossing Shiraz Viognier 2006
新玛利酒窖特选雷司令2008	Villa Maria Cellar Selection Riesling 2008
悦牛霞多丽高级加州白葡萄酒2008	Dancing Bull Chardonnay White 2008
智利歌德精选苏维侬红酒	Korta Barre Selection Cabernet Sauvignon
法兰翠雷司令甜白葡萄酒2009	Flametree Riesling 2009
芳庭奈	Fantinel-LaRoncaia
富贵2007	La Barque 2007
卡氏家族卡本妮苏维翁	Catena Cabernet Sauvignon
卡氏家族夏多内白葡萄酒2008	Catena Chardonnay 2008
蒙大菲私家精选黑品乐	Robert Mondavi Private Selection Pinot Noir
萨慕思麝香陈酿甜酒	Samos Grand Cru Dessert
西西里白马	Amongae IGT

续表

中文酒名	外文酒名
羊头波赛尔干红	Château Pourcel
意大利玛思爱菲庄园"索斯特鲁"红葡萄酒2008	Marchesi Alfieri SOSTEGNO 2008
御兰堡巴罗莎设拉子维安尼亚红葡萄酒2007	Yalumba Barossa Shiraz Viognier 2007
御兰堡伊甸谷野酵夏多内白葡萄酒2008	Yalumba Eden Valley Wild Ferment Chardonnay 2008

最佳葡萄酒
（500元区间）

桑菲尔德2006 设拉子干红葡萄酒	2006 Summer field Shiraz
十二众神之饮甜酒	Samos Nectar Dessert
思樽2005年维达尔冰酒	Strewn 2005 Vidal Ice wine
新玛利酒窖特选黑皮诺	Villa Maria Cellar Selection Pinot Noir
珍藏伽蒂那拉红葡萄酒	Gattinara Riserva DOCG
安东尼世家泰纳安东尼候爵经典坎蒂存酿红	Antinori Tenute Marchese Antinori Chianti Classico Riserva DOCG
霸龙男爵甜白	Moscatel Boscatel Botella Lirica
多切托阿尔巴	Dolcetto D'Alba Bricco Bastia
费雷兄弟加本内苏维翁红葡萄酒	Frei Brothers Alexander Valley Cabernet Sauvignon Red
福瑞克干白	Veriki White Domaine Hatzmichalis 2009
哈查园-珍藏级干红葡萄酒	Condado De Haza
凯帝庄圣祖维斯	Cardinha Estate Sangiovese
玫瑰山庄玛郎传统珍藏	Rosemount Traditional Mclaren Vale
美景庄园西拉子	House Of Certain Views Shiraz
蒙大菲纳帕谷赤霞珠	Robert Mondavi Napa Valley Cabernet Sauvignon
拿帕一号.琼瑶浆干白	Napa One Gewurztraminer
手选巴洛莎设拉子/维安尼亚红葡萄酒	Hand-picked Barosssa Shiraz Viognier
天使之堤精选红葡萄酒	Abadia Retuerta Selection Especial
亚登特级赤霞珠干红葡萄酒	Yarden Cabernet Sauvignon
意大利玛思爱菲庄园特级巴贝拉红葡萄酒2007	Marchesi Alfieri Barbera D'Asti Superiore 2007
莺歌园-珍藏级干红葡萄酒	El Vinculo
酝思库瓦拉苏维翁	Wynns Cabernet Sauvignon

中文酒名	外文酒名
最佳葡萄酒 （800元区间）	
安吉利梅洛干红2006	Merlot Domaine Hatzimichalis 2006
红叶维代尔	Red Leaf Vidal
巴巴莱斯克	Barbaresco
皇家庄园2006佳酿干红	Prado Rey Crianza 2006
普利白干白葡萄酒2006	Puligny Montrachet 2006
小羊头干红	Château Puech-Haut
最佳葡萄酒 （1000元区间）	
张裕黄金冰谷酒庄黑钻级冰葡萄酒	Golden Icewine Valley Black Diamond Level Icewine
优秀葡萄酒 （1000元区间）	
罗兰百悦特酿桃红	Laurent Perrier Rose NV

2011年金樽奖获奖酒款

中文酒名	外文酒名
最佳葡萄酒 （100元区间）	
傲蛙莎当尼薇优聂干白2007	Arrogant Frog Croak Rotie Chardonny－Viognier 2007
长城天赋葡园特级精选干红	GREATWALLT ERRIOR Superior Selection Dry Red Wine
非洲五兽赤霞珠2010	Africa Five Cabernet Sauvignon 2010
干露三重奏夏多内/灰皮诺/白皮诺2009	Trio Chardonnay/Pinot Grigio/Pinot Blanc 2009
圣安纳珍藏玛碧穗乐仙红葡萄酒2010	Santa Ana Malbec Shiraz 2010
五河谷干白2009	Les5 Vallées Blanc 2009
澳洲南纬35度设拉子加本力红葡萄酒2010	35 South Shiraz Cabernet 2010
伯涅塔堡干白2010	Château Tour de Bonnet 2010
长城天赋葡园高级精选干红	GREATWALL TERRIOR Premium Selection Dry Red Wine
长城珍藏级干红2006	Greatwall Reserve Dry Red 2006
多明戈卡门尼	Dona Dominga Carmenere
多明戈老葡萄藤卡本妮苏维翁/卡门尼红葡萄酒2010	Dona Dominga Cabernet Sauvignon/Carmenere 2010
法国美尚男爵干白葡萄酒2010	Baronde Meursanges White 2010
歌迪雅白葡萄酒2010	Cordier Collection Privee Bordeaux White 2010
科瑞丝曼皇牌白葡萄酒2010	Kressmann Monopole Blanc Bordeaux AOC 2010
科瑞丝曼梅多克珍酿红葡萄酒2009	Kressmann Grande Réserve Médoc AOC 2009
雷塞斯长相思干白葡萄酒	RAICES Sauvignon Blanc
玛诗歌园加本纳沙威浓红葡萄酒2009	La Mascota Cabernet Sauvignon 2009
玛斯薇优聂干白2009	Paul Mas Viognier 2009
奇异庄园白苏维翁白葡萄酒2009	Château Kiwi Premium Reserve Sauvignon Blanc 2009
藤柏丝锡牌色拉子	Tempus Two Vine Vale Shiraz
维斯特玛－黑品乐怀旧珍藏干红2009	Vistamar Sepia Reserva Pinot Noir 2009
文森庄园干白2009	Château Lamothe Vincent 2009
沃文石长相思2010	Woven Stone Sauvignon Blanc 2010
小提琴穗乐仙加本纳红葡萄酒2009	Fiddlers Creek Shiraz Cabernet 2009
珍藏霞多丽白葡萄酒2009	De Martino Legado Reserva Chardonnay 2009

中文酒名	外文酒名
珍品梅乐穗乐仙红葡萄酒2009	Inheritance-Shiraz Merlot 2009

最佳葡萄酒
（300元区间）

中文酒名	外文酒名
博岚歌马尔堡长相思2010	Brancott Estate Marlborough Sauvignon Blanc 2010
黛伦堡寄居蟹马臣尼/维安尼亚2008	D'Arenberg The Hermit Crab Marsanne/Viognier 2008
圣卡罗家族珍藏加本纳沙威浓红葡萄酒2008	Santa Carolina Reserva de Familia Cabernet Sauvignon 2008
圣山白碧马伯郎长相思白葡萄酒2009	Sacred Hill Whitecliff Sauvignon Blanc Marlborough 2009
双栖山庄玛格丽特霞多丽白葡萄酒2009	Twinwoods Estate Chardonnay Margaret River 2009
新玛利庄园珍藏苏维翁白2010	Villa Maria Reserve Sauvignon Blanc 2010
阿根廷安第斯之箭马尔贝克红葡萄酒2008	Flechas de Los Andes Gran Malbec 2008
贝得威赤霞珠干红葡萄酒	Medina Seleccion Cabernet Sauvignon
贝灵哲纳帕谷莎当妮葡萄酒2009	Beringer Napa Valley Chardonnay 2009
红魔鬼珍酿卡本妮苏维翁设拉子葡萄酒2009	Casillero del Diablo Reserva Privada Cabernet Sauvignon Syrah 2009
红魔鬼珍酿苏维翁白葡萄酒2010	Casillero del Diablo Reserva Privada Sauvignon Blanc 2010
金钟美食家梅多克干红2000	EpicureMédoc Rouge 2000
玫瑰山庄钻石酒标系列霞多丽白葡萄酒2009	Rosemount Diamond Label Chardonnay 2009
欧好硕石长相思2010	Ohau Gravels Sauvignon Blanc 2010
普米帝沃	Primitivo Puglla
瑞赛克中干雪利酒	Dry Sack Medium
思想家珍藏品丽珠干红葡萄酒	Botalcura la Porfia Cabernet Franc
特丽弗留利白葡萄酒	Torre Rosazza Friulano
威拿教堂庄园红葡萄酒2009	Wirra Wirra Vineyards Church Block Red 2009
威拿麦罗仑谷嘉本纳沙浓红葡萄酒2009	Wirra Wirra Sparrow's Lodge Cabernet Sauvignon 2009
威拿麦罗仑谷穗乐仙红葡萄酒2009	Wirra Wirra Vineyards Mclaren Vale Shiraz 2009
威拿蜜丝佳桃粉红葡萄酒2010	Wirra Wirra Ms Wigley Moscato 2010
西溪白苏维浓葡萄酒2009	West Brook Sauvignon Blanc 2009
新玛利庄园酒窖特选雷司令2009	Villa Maria Cellar Selection Riesling 2009
新月庄园色拉子2008	Nier's Moon Series McLaren Vale Shiraz 2008

续表

中文酒名	外文酒名

最佳葡萄酒
（500元区间）

中文酒名	外文酒名
宝尚父子博恩谷村庄红葡萄酒2007	Bouchard P&F Côte de Beaune Villages AOC 2007
狄士美庄园副牌2007	Initialde Desmiral 2007
法国皮尔力高庄园干型玫瑰香槟	Pierre Legras Champagne Brut Rose
法国山峰庄园红葡萄酒2006	Château D'Aiguilhe 2006
海马园穗乐仙红葡萄酒2008	Jaraman Shiraz 2008
黑骏马卡本妮苏维翁2008	Black Stallion Cabernet Sauvignon 2008
红石酒园贝露娃红葡萄酒2009	Rockburn Pinot Noir 2009
蒙大菲纳帕谷赤霞珠红葡萄酒2008	Robert Mondavi Napa Valley Cabernet Sauvignon California 2008
威邦帝国佳酿干红2007	Dinastia Vivanco Crianza 2007
新玛利庄园酒窖特选黑皮诺2008	Villa Maria Cellar Selection Pinot Noir
新玛利庄园酒窖特选设拉子2008	Villa Maria Cellar Selection Syrah 2008
艾格尼帕拉佐红葡萄酒2007	Allegrini Palazzo Della Torre 2007
贝灵哲纳帕谷梅洛	Beringer Napa Valley Merlot
贝灵哲武士谷加本力苏维翁2006	Beringer Knights Valley Cabernet Sauvignon 2006
布朗城堡	Château Brown
黛伦堡喜鹊设拉子/维安尼亚2008	D'Arenberg The Laughing Magpie Shiraz/Viognier 2008
俄罗斯河谷霞多丽白葡萄酒2007	Russian River Valley Chardonnay 2007
法国枫宝庄园红葡萄酒2008	Château Fombrauge 2008
法国皮尔力高庄园列级极干型香槟白中白	Pierre Legras Champagne Extra Brut Blanc de Blanc
格朗贺园珍藏级干红葡萄酒2004	Dehesa La Granja Crianza 2004
海马园加本纳沙威浓红葡萄酒2009	Jaraman Cabernet Sauvignon 2009
黑骏马夏多内2009	Black Stallion Chardonnay 2009
列吉塞（烫金版黄金液体冰白）2005	Ridgesede Icewine Vidal 2005
露桐老人干红2007	Château de Barbe Blanche 2007
马天纳优质阿斯蒂巴贝拉法定产区葡萄酒2007	Barbera d'Asti Superiore "Martinette" DOC
蒙特赛·依莎露红葡萄酒	E'Salute Rosso
欧好硕石灰皮诺2010	Ohau Gravels Pinot Gris 2010

中文酒名	外文酒名
奇异庄园酿师师臻选黑比诺红葡萄酒2009	Château Kiwi Winemakers Selecton Pinot Noir
奇异庄园珍藏路易梅乐卡伯纳红葡萄酒2004	Château Kiwi Prestige Louis Merlot Cabernet 2004
蕊莫斯卡托阿斯蒂 保证法定产区	"Ribota" Moscato d'Asti DOCG
圣安纳至尊酒王2007	Santa Ana Unanime 2007
圣卡罗红酒王2007	Santa Carolina VSC 2007
泰来斯珍藏雪当利白葡萄酒2008	Taylors St.Andrews Chardonnay
桃乐丝"黑牌"玛斯拉普拉那特级王冠干红葡萄酒2007	"Black Label" Mas La Plana 2007
天使之堤精选2008	Abadia Retuerta Selection Especial 2008
亚历山大谷加本内苏维翁红葡萄酒2007	Alexander Valley Cabernet Sauvignon 2007
御兰堡手选设拉子/维安尼亚红葡萄酒2008	Yalumba Hand Picked Shiraz/Viognier 2008
月桂花朱干达珍藏红葡萄酒2007	Laurus Gigondas 2007
云顶至尊红葡萄酒2009	Ninquen 2009

最佳葡萄酒
（800元区间）

威邦帝国陈酿干红葡萄酒2004	DinastÍA Vivanco Reserva 2004
威拿珍藏穗乐仙红葡萄酒2008	Wirra Wirra Vineyards R.S.W. Shiraz 2008
御兰堡标志卡本妮苏维翁/设拉子红葡萄酒2005	Yalumba The Signature Cabernet/Shiraz 2005
法国梦宝石庄园红葡萄酒2006	Château Monbousquet 2006
菲丽宝娜粉红香槟	Champagne Philipponnat Brut Reserve Rose
双掌-花园系列麦罗仑谷穗乐仙红葡萄酒2009	Twohands Lily's Garden McLaren Vale Shiraz 2009
索诺玛老藤金粉黛红葡萄酒2008	Sonoma Heritage Vines Zinfandel 2008
泰来斯珍藏红葡萄酒2005	Taylors St.Andrews Cabernet Sauvignon 2005
泰来斯珍藏穗乐仙红葡萄酒2004	Taylors St.Andrews Shiraz 2004
香颂家族佩南维哲雷斯红葡萄酒2006	Chanson Pere et Fils Pernand-Vergelesses "Les Vergelesses" 1er Cru 2006

最佳葡萄酒
（1000元区间）

年德兰庄园树林园AOC级干红2007	DOMAINE DaDe L'Arlot Clos Des Forets St. Georges Red Wine 2007

续表

中文酒名	外文酒名
花思蝶莫尔末特赤霞珠红葡萄酒2006	MormoretoToscana IGT 2006
拿帕一号2006	Kstnapa One 2006
杰卡斯约翰西拉加本纳	Jacob's Creek Johann Shiraz Cabernet
马佳连妮巴罗露红葡萄酒2005	Barolo Brunate 2005
歌迪雅圣达美隆红葡萄酒2006	Desirec Cordier Saint-Emilion-Grand-Cru 2006
珈帝·马丁1900	Martin Cendoya
魔爵红2006	Don Melchor Cabernet Sauvignon 2006
维纳桐陈酿级干白葡萄酒1992	Vina Tondonia White Wine Reserva 1992
法国卡农嘉芙丽酒庄红葡萄酒2007	Château Canon-La-Gaffeli è re 2007

最佳葡萄酒
（2000元以上）

黑骏马战马红葡萄酒2007	Black Stallion Bucephalus 2007
奇异庄园臻藏限量版808丝赫红葡萄2009	Château Kiwi 808 Prestige Limited Selection 2009

2012年金樽奖获奖酒款

中文酒名	外文酒名
最佳葡萄酒 （100元区间）	
梅佐考罗拉-灰品乐干白2010	MEZZACORONA Pinot Grigio
宝乐园典雅赤霞珠红葡萄酒2010	Pillón Elegant Cabernet Sauvignon
宝乐园经典赤霞珠红葡萄酒2010	Pillón Classic Cabernet Sauvignon
贝尔拉图庄园红2009	Château Pey La Tour
宾利经典红葡萄酒2009	Grand Estate Penley Syrah
彩园白葡萄酒2010	Terra Brava White
彩园红葡萄酒2009	Terra Brava Red
古仙露赤霞珠珍藏红葡萄酒 2008	Cousino-Macul "Antiguas Reservas"-Cabernet Sauvignon 2008
豪华碧桃丝经典窖藏红葡萄酒2006	Balduzzi Grand Reserve
红山溪-设拉子2009	Red Hill Creek-Shiraz 2009
红山溪-设拉子赤霞珠美乐2010	Red Hill Creek-Shiraz.Cab.Merlot(SCM)
杰卡斯酿酒师臻选西拉加本纳2008	Jacob's Creek Winemaker Selection Shiraz Cabernet
酷马莫斯卡托麝香白葡萄酒2011	2011 COOMA MOSCATO
酷马西拉子半干红葡萄酒2011	2011 COOMA SHIRAZ SEMI-DRY RED WINE
拉图侯爵天然桃红起泡葡萄酒2011	Marquis de la Tour Sparkling Rosé
帕洛美陈酿卡蒙干红葡萄酒2010	Paloma Carmenere Reserva
维纳传说波尔多2006	Bordeaux Heritage De Woltner
船主卡本尼苏维翁红葡萄酒 2009	Odfjell Armador Cabernet Sauvignon 2009
德克博思窖藏干白葡萄酒2010	Adega S. M. Descobridores
公牛马尔贝克干红葡萄酒2011	Espiritu de Argentina Malbec
古仙露霞多丽白葡萄酒 2010	Cousino-Macul Chardonnay 2010
皇鹿-设拉子红葡萄酒2009	RED DEER-Shiraz 2009
凯岚梅洛干红葡萄酒2010	Canyon Road Merlot
绿贝马尔堡长相思干白2011	Green Shell Marlborough Sauvignon Blanc 2011
帕罗玛陈酿卡蒙干红葡萄酒2010	Paloma Carmenere Reserva
银谷-马尔贝克珍藏红2010	ARGENTO Malbec Seleccion

续表

中文酒名	外文酒名
珍宝庄亚瑟山珍藏夏多内2011	Kahurangi Estate Mt Arthur Reserve Chardonnay 2011
风语2009年赤霞珠美乐红葡萄酒	Wulura Cabernet Sauvignon Merlot 2009
皇家蒙特橡木红葡萄酒2008	Monte Real Crianza
基安帝王子经典红葡萄酒2010	Principe Corsini−Camporsino
库克船长设拉子2008	Capatain Cook's Shiraz
天鹅庄金选系列希拉干红葡萄酒2009	2009 Auswan Creek Gold Selection Shiraz
宝乐园典雅梅乐红葡萄酒2010	Pillón Elegant Merlot

最佳葡萄酒
（300元区间）

"高歌"甜白葡萄酒	"Gregorius" MPF
爱尔顿朋友西拉子红葡萄酒2010	2010 Elderton Friends Shiraz
爱斯美西拉子红葡萄酒2009	2009 Ashmead Shiraz
宝乐园陈酿加文拿红葡萄酒 2010	Pillón Reserva Carmenere
宾利狮王梅洛红葡萄酒2010	Penley Estate Gryphon Merlot
德克博思窖藏陈年葡萄酒2010	Adega S. M. Descobridores Reserva
古玛红葡萄酒2009	Perescuma Colheita
贺兰山美域黑品乐葡萄酒珍藏系列2010	2010 Domaine Helan Mountain Special Reserve Pinot Noir 2010
皇家蒙特经典窖藏红葡萄酒2001	Monte Real Gran Reserva
皇家庄园梅多克红葡萄酒2007	Cos de Roy Medoc
基安帝王子珍藏红葡萄酒2008	Principe Corsini−Le Corti
吉普森西拉子红葡萄酒2007	Gibson Vale Shiraz
加州牛仔干红葡萄酒2008	2008 California Cow Boys
珈帝70红葡萄 2008	Heredad Ugarte
杰卡斯1837索威号加本纳梅洛干红	Jacob's Creek 1837 The Solway Carbernet Merlot
罗伯乐富齐传统珍藏红葡萄酒 2009	Rupert & Rothschild Vignerons−Classique 2009
洛特庄园(珍藏级)霞多丽白葡萄酒2009	2009Rockart Estate Reserve−Chardonnay
马斐庄园红葡萄酒2000	Château Mathereau
玛氏·蒙特布查诺红葡萄酒2009	Mascirelli Montepulciano d'Abruzzo 2009

续表

中文酒名	外文酒名
萨慕思陈酿 天然甜酒2011	Samos Grand Cru Vdn
萄乐酒庄艾迪安诺红葡萄酒2008	CANTINA TOLLO ALDIANO MONTEPULCIANO D'ABRUZZO DOC
天马湾-设拉子赤霞珠2011	Inspire Bay-Shiraz Cabernet 2011
威杜庄园长相思白葡萄酒	Vidal Sauvignon Blanc
西施赛马2009	Le Difese 2009
西西里艳阳·内罗达沃拉红葡萄酒2010	Baglio del Sole Nero D'Avola 2010
星云庄园长相思白葡萄酒2011	Aotearoa Sauvignon Blanc
鹰格堡七星干红葡萄酒 2008	Clos de los Siete 2008
悦牛白苏维翁白葡萄酒2006	Dancing Bull Sauvignon Blanc
悦牛加本内苏维翁红葡萄酒2009	Dancing Bull Cabernet Sauvignnon
安第斯之箭马尔贝克红葡萄酒 2009	Flechas de Los Andes-Gran Malbec 2009
宝乐园陈酿赤霞珠红葡萄酒2010	Pillán Reserva Cabernet Sauvignon
杜夫一号白葡萄酒2010	Dourthe No. 1 Bordeaux Blanc
法利亚经典红葡萄酒2008	Falcoaria Classico
梵客-设拉子维奥涅尔红葡萄酒2010	Finders & Seekers-Shiraz Viognier 2010
贺兰山美域霞多丽葡萄酒珍藏系列 2010	2010 Domaine Helan Mountain Special Reserve Chardonnay 2010
加维兰红葡萄酒2008	CEPA Gavilan DO 2008
杰卡斯西拉珍藏系列巴罗萨干红 2008	Jacob's Creek Reserve Shiraz Barossa
蓝瑟欧干红葡萄酒2006	Vinhas do lasso
圣地酒园-佳美娜珍选2010	CALITERRA Carmenere Tributo
天马湾-赤霞珠梅乐红葡萄酒2010	Inspire Bay-Cabernet Merlot 2010
宾利宝马施赫红葡萄酒2010	Penley Estate Hyland Shiraz
宾利飞鹰施赫赤霞珠红葡萄酒2009	Penley Estate Condor Shiraz Cabernet
宾利凤凰赤霞珠红葡萄酒2009	Penley Estate Phoenix Cabernet Sauvignon
花思蝶力宝山路珍藏红葡萄酒 2008	Marchesi de Frescobaldi-Nipozzano Riserva Chianti Rufina DOCG 2008
皇家马尔柯珍藏 2005	Marco Real Reserva 2005
皇家蒙特窖藏红葡萄酒2004	Monte Real Reserva

中文酒名	外文酒名
卡素红葡萄酒2007	Quinta Casal Branco Touriga Nacional
沙加爵陈年红葡萄酒2007	Sagace Riserva
狮玛庄园红葡萄2005	Château de Serame Corbi è res.
悦牛金粉黛红葡萄酒2010	Dancing Bull Zinfandel
杜夫一号红葡萄酒2009	Dourthe N° 1 Bordeaux Rouge–Oak Aged

最佳葡萄酒
（500元区间）

帝龙经典香槟	Champagne Thienot Classic Brut Bottle
法莱士百宝艺术葡萄酒2009	Bib'art
嘉乐帝庄园葡萄酒2008	Quinta do Gardil
斯佰尔调配"8"干红2010	SPIER CREATIVE BLOCK 8
"百萃红"干红葡萄酒	"Patriale" Rosso
波利贵族酒2008	PolizianoVinoNobile di Montepulciano2008
马尔堡O:TU 长相思白葡萄酒 2011	2011 Marlborough O:TU Single Vineyard Sauvignon Blanc
酝思库纳瓦拉山庄赤霞珠红葡萄酒 2008	Wynns Coonawarra Estate–Coonawarra Cabernet Sauvignon 2008
皇家马尔柯家庭珍藏2006	Marco Real Reserva de familia 2006
洛特庄园(珍藏级)–希拉.赤霞珠红葡萄酒2008	Rockart Estate Reserve–Shiraz Cabernet2008
名门赤霞珠红葡萄酒2009	Raices Nobles Cabernet Sauvignon
十二众神之饮 天然甜酒2006	Samos Nectar VDN

最佳葡萄酒
（800元区间）

维克多·雨果庄园财富经典波尔多混酿干红葡萄酒 2009	Victor Hugo Winery Opulence 2009
宾利珍藏赤霞珠红葡萄酒2005	Penley Estate Reserve Cabernet Sauvignon
宾利珍藏施赫红葡萄酒2008	Penley Estate Special Select Shiraz
基安帝王子家族珍藏红葡萄 2007	Principe Corsini–Don Tommaso
美國加州美丽山丘赤霞珠红酒2007	Les Belles Collines Napa Valley Cabernet Sauvignon 2007

续表

中文酒名	外文酒名
山谷传奇赤霞珠干红葡萄酒2009	Legend Cabernet Sauvignon
西施如雅干红2008	Barrua 2008
宾利卓思红葡萄酒2008	Penley Estate Chertsey
巴罗洛葡萄酒2007	Barolo "Sorano"
美國加州朵那俄羅斯河谷黑比諾红酒 2007	The Donum Russian River Valley Pinot Noir 2007

最佳葡萄酒
（1000元区间）

宝石翠古堡陈酿级干红2007	TintoPesquera Reserva
汇立福卡酒庄干红葡萄酒2005	Château Fourcas Hosten
珈帝53红葡萄酒2003	Cedula Real
八蓝特-设拉子红葡萄酒2008	Eight Baskets-Shiraz 2008
古仙露龙潭红葡萄酒 2007	Cousino-Macul Lota 2007
香颂家族博恩一级产区玛诗 2008	Chanson Pére & Fils-Beaune Clos des Mouches, AOC 2008
爱尔顿统帅西拉子红葡萄酒2005	2005 Elderton Commander Shiraz
加拿大列吉塞冰酒·2008皇家御用经典冰白 2008	Ridgeside Winery Icewine Vidal
帝国田园特级珍藏干红葡萄酒2002	Campo Viejo Gran Reserva

2013年金樽奖获奖酒款

中文酒名	外文酒名
最佳葡萄酒 （100元区间）	
AG47马尔贝克西拉干红2012	AG Fourty Seven Malbec Shiraz
爱宝莱维尤拉干白2011	Castillo de Albai
格兰德咖啡品乐塔吉干红葡萄酒2011	The Grinder Pinotage
红魔鬼卡本妮苏维翁2011	Casillero del Diablo Cabernet SauvignonCentral Valley
红山溪限量发行－西拉红葡萄酒2010	Red Hill Creek Limited Release Shiraz 2009
嘉乐堡高级佳酿干红葡萄酒2010	Bastion de Garille Grande Cuvee
金熊赤霞珠2010	Bears' Lair Cabernet Sauvignon
金熊西拉2009	Bears' Lair Syrah
卡萨天堂佳美娜珍藏干红葡萄酒2011	CASA VIVA Carmenere Reserva Dry Red
凯岚加本内苏维翁干红葡萄酒2011	Canyon Road Cabernet Sauvignon
酷马莫斯卡托麝香白葡萄酒2011	Cooma Moscato
拉朗德贵妃桃红起泡酒	NV Veuve de Lalande Vin Mousseux sucrose NV
圣地西拉干红葡萄酒2010	Stolen Block Shiraz Dry Red
波希美桃红起泡酒	Boheme Semi Dry Rose Sparkling Wine
皇鹿驿站内陆发行西拉红葡萄酒2009	Red DeerStation Outback Release Shiraz 2009
嘉乐堡经典干红葡萄酒2012	Bastion de Garille Classique
金羊特酿干红葡萄酒2010	Les Cinq Pattes Cuvee Prestige Rouge Red Wine
卡萨天堂黑皮诺干红葡萄酒2011	CASA VIVA Pinot Noir Dry Red
岚泉风系列红葡萄酒2012	
洛特庄园收藏白葡萄酒2009	Rockart Estate Reserve Release Chardonnay 2009
圣安纳珍藏多伦提斯白葡萄酒2012	Santa Ana Reserve－Torrontes
露森雷司令2012	Dr. Loosen, Dr. L Riesling QbA
玛诗歌园加本纳沙威浓红葡萄酒2010	La Mascota Cabernet Sauvignon
嘉雅红葡萄酒	CondorPeakRedSemiSweet
最佳葡萄酒 （300元区间）	
爱琴海干红葡萄酒2010	Pathos Dry Red Wine
多娜索尔霞多丽2011	Dona Sol Chardonnay

续表

中文酒名	外文酒名
歌迪雅至尊白葡萄酒2011	Cordier Prestige Blanc
歌迪雅至尊红葡萄酒2010	Cordier Prestige Rouge 2010
豪园威士莲白葡萄酒2011	Howard Park Riesling
贺兰山美域珍藏赤霞珠2010	Domaine Helan Mountain Special Reserve Cabernet Sauvignon
贺兰山美域珍藏霞多丽2010	Domaine Helan Mountain Special Reserve Chardonnay
红帽赤霞珠干红葡萄酒2011	Red Hat
克莱格酒园美娜黑皮诺红2011	Craggy Range Te Muna Pinot Noir
拉维亭波尔多橡木桶干红2010	
伦西珍藏版雷司令	Oestrich Lenchen Riesling Kabinett
罗伯纳经典干白葡萄酒	"Classic" Robola of Cephalonia P.D.O
玛卡丽起泡酒S	Anta Margherita Prosecco Brut 52
锐牛金粉黛红葡萄酒2011	Dancing Bull Zinfandel
圣卡罗家族珍藏加文拿红葡萄酒2010	Santa Carolina Reserva de Familia Carmenere
双栖山庄玛格丽特河霞多丽白葡萄酒2010	Twinwoods Estate Chardonnay
天鹅庄金选系列干红西拉2009	Gold Selection Shiraz
西施梦特酥干红葡萄酒2010	Montessu
兄弟系列马尔堡长相思白葡萄酒2011	Giesen Brothers Sauvignon Blanc
鹰谷品诺塔日	Eagle Canyon Pinotage
百畅宝赛格起泡酒	Belcanto Dibellssi Valdobbiadene Prosecco Superiore
贝纳颂庄园红葡萄酒2007	Château Larose Perganson Cru Bourgeois
大途园干白2012	OSTATU BLANCO
费丽虎嘉本纳沙威浓红葡萄酒2011	Vina Cobos Felino Cabernet Sauvignon
戈尔路霞多丽2010	Cooralook Chardonnay
考维酒园-家族珍藏波尔多干红葡萄酒2011	CALVET Reserve Merlot Cabernet Sauvignon
罗蔓庄园干红葡萄酒2010	Château Haut Brignot
玛卡丽(经典基安帝)红葡萄酒2008	Santa Margherita Chianti Classico
梅佐考罗那-灰比诺珍藏干白葡萄酒2010	MEZZACORONA Pinot Grigio Riserva DOC
蒙大菲私家精选黑品乐红葡萄酒2011	Robert Mondavi Private Selection Pinot Noir
佩蒂风士红葡萄酒2009	Château de Pennautier Terroirs D'Altitude

中文酒名	外文酒名
佩萨尼索斯干红葡萄酒	NISSOS DRY RED WINE
锐牛霞多丽白葡萄酒2011	Dancing Bull Chardonnay
尚忆超级波尔多珍藏干红2011	
唐风干红2008	Tanca Farra D.O.C
五箭长相思白葡萄酒2012	Rimapere Sauvignon Blanc
奥克睿智酒园莎当妮白2011	OAKRIDGE Chardonnay
嘉乐堡家族佳酿干红葡萄酒2010	Bastion de Garille Cuvee Tresor
凯星城堡贵腐甜白2008	Carsin Cadillac
玫瑰山庄钻石酒标系列霞多丽白葡萄酒2010	Rosemount Diamond Label Chardonnay
佩蒂艾斯红葡萄酒2008	L'Esprit de Pennautier
莱利斯西拉干红葡萄酒2009	Relly's Shiraz Dry Red

最佳葡萄酒
（500元区间）

澳洲乐富精选红葡萄酒2008	Farmer's Leap Padtheway Shiraz
澳洲乐富精选红葡萄酒2010	Farmer's Leap Padtheway Shiraz
八篮特收藏-西拉红葡萄酒2008	Eight Baskets Reserve-Shiraz 2008
达理古堡2006	Château D'arricaud
法国波尔多琅格干红葡萄酒2010	LARGOT
干红葡萄酒2009	KTIMA TSELEPOS AVLOTOPI
佳诺酒庄赤霞珠红葡萄酒2006	Katnook Estate Cabernet Sauvignon
拉若姿庄园副牌红葡萄酒2010	Lafleur Laroze Saint Emilion Grand Cru
美缇克窖藏干红2009	LaCuvee Mythique
萨慕思十二众神之饮2008	SAMOS NECTAR SWEET
圣安纳至尊酒王红葡萄酒2007	Santa Ana Unanime
特纳十字庄园加本内苏维翁干红葡萄酒2007	Turners Crossing Cabernet Sauvignon
天鹅庄大师之选干红葡萄酒西拉2009	Master Selection Shiraz
大玛雅酿酒师特藏加本力红葡萄酒2010	TAMAYA Cabernet Sauvignon Winmaker's Gran Reserva
费雷兄弟亚历山大谷加本内苏维翁红葡萄酒2008	Frei Brother Alexander Valley Cabernet Sauvignon
爵士园红葡萄酒2007	Baron de Ona Reserva
可宝斯(百美园)嘉本纳沙威浓红葡萄酒2009	Vina Cobos Bramare Lujan De Cuyo Cabernet Sauvignon
尼尔爱斯美跑车西拉子红葡萄酒2009	NEIL ASHMEAD GRAND TOURER SHIRAZ

续表

中文酒名	外文酒名
西班牙巴戎砥砺蒙纳斯纳斯塔里奥精酿红葡萄酒2008	Baron de Ley Finca Monasterio
爱雅拉香槟	Ayala Brut Majeur
宝乐园家族陈酿加文拿红葡萄酒2009	Pillar Gran Reserva Carmenere
大玛雅酿酒师特藏设拉子红葡萄酒2010	TAMAYA Syrah Winemaker's Gran Reserve
红石酒园贝露娃红葡萄酒2010	Rockburn Pinot Noir
萨尔堡索诺玛老藤金粉黛红葡萄酒2010	RANCHO ZABACO SONOMA HERITAGE VINES ZINFANDEL
特纳十字庄园设拉子维欧尼干红葡萄酒2007	Turners Crossing Shiraz Viognier

最佳葡萄酒
（800元区间）

VQA梅乐冰红葡萄酒	V2011BC VQA merlot ice wine
拜占庭干红2009	BYZANTIUM RED DRY
黑魁山庄美洛干红葡萄酒2008	Hillcrest Quarry Quarry
珈帝传承红葡萄酒2009	CINCUENTA UGARTE
昆德霞多丽2009	Kunde Sonoma Valley Chardonnay
拉帕泉酒园珍藏中奥塔哥黑皮诺红葡萄酒2009	RAPAURA SPRINGS VINEYARD RESERVE CENTRAL OTAGO PINOT NOIR
珈帝65红葡萄酒2005	Dominio de Ugarte Reserva
昆德西拉2006	Kunde Sonoma Valley Syrah
昆德辛芬黛2007	Kunde Sonoma Valley Zinfandel
雷文马里奥红葡萄酒2007	Ravanal MR Mario Ravanal
威马侯爵干红2007	Marchese di Villamarina D.O.C
香颂家族佩南维哲雷斯红葡萄酒2009	Chanson Pernand−Vergelesses, "Les Vergelesses" Ier Cru

最佳葡萄酒
（1000元区间）

兄弟系列奥古斯特1888白葡萄酒2010	Giesen August 1888 Sauvignon Blanc

最佳葡萄酒
（2000元以上）

限量珍藏设拉子红葡萄酒2011T	TAMAYA Syrah T Line

2014年金樽奖获奖酒款

中文酒名	外文酒名
最佳葡萄酒 （100元区间）	
嘉丽·阿斯蒂区麝香种甜白起泡葡萄酒	SCARPA MOSCATO D'ASTI 2013
里肯解百纳红葡萄酒2012	Rincón Del Sol Cabernet Sauvignon
玛卡丽甜魅宝雪歌气泡酒	Santa Margherita Prosecco Demi Sec
曼恩博格赤霞珠红葡萄酒2011	Mannenberg Cabernet Sauvignon
娜帕斯梅洛红葡萄酒2012	La PAZ Merlot
野性王座色拉子2012	Wild Throne Shiraz
爱琴海干红葡萄酒	Pathos dry red wine
安第斯帕斯红葡萄酒2013	Besos de Cata Red Dry
宝仕干红葡萄酒2012	Post House Bluish Black
大玛雅缤纷梅洛红葡萄酒2011	TAMAYA Merlot
非洲之王赤霞珠2011	Kings of the Wild Cabernet Sauvignon
古仙露赤霞珠珍藏红葡萄酒2010	Cousino Macul "Antiguas Reservas" Cabernet Sauvignon
海韵园白沙威浓白葡萄酒	Amaral Sauvignon Blanc
嘉乐堡赤霞珠珍藏红葡萄酒2012	Bastion de Garille Cabernet Sauvignon Cuvée Fruitée
凯岚梅洛干红葡萄酒2011	Canyon Road Merlot
凯岚麝香白葡萄酒	Canyon Road Moscato
莱格兰德霞多丽干白葡萄酒2012	366 La Grande Sélection Blanc
灵蛇干白葡萄酒	IGTVipra Bianca IGT
灵蛇干红葡萄酒2012	IGTVipra Rossa IGT
露茜茵艾伯特琼瑶浆白葡萄酒2011	L.ALBRECHT RESERVE GEWUZTRAMINER
罗伯纳-圣杰拉索干白葡萄酒	Ssn Gerassimo Robola of Cephalonia Dry White
娜帕斯加本力苏维翁红葡萄酒2012	La PAZ Cabernet Sauvignon
奇里奥气泡葡萄酒	Chiaro Prosecco DOC
斯巴河谷黑品乐红葡萄酒2011	SPY VALLEY PINOT NOIR
天鹅庄88号窖藏希拉2012	Auswan Creek BIN88 Shiraz
维达斯艾瑞娅起泡葡萄酒	SEGURA VIUDAS ARIA NV

续表

中文酒名	外文酒名
原生庄园梅洛2013	Native Series Merlot
奥维雅图白葡萄酒	DOCOrvieto Classico Amabile DOC
霸高庄园维雅干红葡萄酒2012	VIGNA AL BOSCO
博格庄园红葡萄酒2010	Château De Beauregard Ducourt
古尔达酒庄设拉子红葡萄酒2011	Casa Gualda Syrah
古尔达酒庄珍藏红葡萄酒2007	Casa Gualda Plus Ultra
嘉乐堡珍藏红葡萄酒2012	Bastion de Garille Cité de Carcassonne Cuvée Fruitée
凯岚加本内苏维翁干红葡萄酒2011	Canyon Road Cabernet Sauvignon
蓝龙虾霞多丽	Blue lobster
罗拔智高亭柏利波尔多法定产区优选红葡萄酒2010	Robert Giraud Château Timberlay Rouge Bordeaux Superieur AOC
马天尼庄园红葡萄酒2006	Château Martinet
圣卡罗窖选加文拿红葡萄酒2012	Santa Carolina Cellar Selection Carmenere
圣卡罗窖选嘉本纳沙威浓红葡萄酒2013	Santa Carolina Cellar Selection Cabernet Sauvignon
天使之国波尔多红葡萄酒2010	Le Duche de Saint Vincent Bordeaux Superieur Rouge
天使之国赤霞珠红葡萄酒2011	Le Duche de Saint Vincent Bordeaux Rouge
万丽梅洛2013	Renascence Merlot
野性王座赤霞珠2012	Wild Throne Cabernet Sauvignon

最佳葡萄酒
（300元区间）

帝莫尼斯珍藏干红葡萄酒 萨拉莫世家酒庄2009	DIMONIOS CANNONAU DI SARDEGNA DOC RISERVA SELLA & MOSCA
白露超级宝赛格起泡酒	Bellussi Valdobbiandene Prosecco Superiore Docg Dry
非比昂有机起泡酒	Finca Fabian Sparkling
汉斯朗头等雷司令白葡萄酒2011	Hans Lang Riesling Kabinett
黑松园红葡萄酒2012	CLOS DES PINS
花思蝶特努塔佳奇红葡萄酒2009	Frescobaldi Tenuta Frescobaldi di Castiglioni, Toscana IGT
双栖山庄玛格丽特河赤霞珠红葡萄酒2009	Twinwoods Margaret River Cabernet Sauvignon

续表

中文酒名	外文酒名
爱尔庄园娜歌妮干红葡萄酒2009	AIA VECCHIA LAGONE
安第斯之箭马尔贝克红葡萄酒2010	Flechas de los Andes Gran Malbec
大师之路红葡萄酒2009	Winemaker's Travesy
多吉帕特酒庄94系列苏维翁白葡萄酒2010	DOG POINT SAUVIGNON BLANC SECTION 94
富隆威拿教堂庄园红葡萄酒2012	Wirra Wirra Vineyards—Church Block Red
拉杭嘉德庄园罗纳谷经典红葡萄酒2010	Domaine De La Renjarde Cotes Du Rhone Village Cuvee Classic
里弗森庄园莎当妮白葡萄酒2009	TREFETHEN ESTATE CHARDONNAY
天鹅庄探索系列希拉维奥尼尔2012	Auswan Creek Discovery Shiraz Viognier
瓦波利切拉红葡萄酒 伯天尼庄园2010	Bertani Valpolicella DOC Collezioneo
雅格陈酿梅贝克红葡萄酒2012	Alma Andina reserva Malbec
朱卡迪Q系列马尔贝克红葡萄酒2011	ZUCCARDI Q MALBEC
爱尔庄园维蒙天奴干白葡萄酒	AIA VECCHIA VERMENTINO
巴贝拉2012	Barbera d'Alba
宝隆庄园干红葡萄酒2009	Château BLOMAC
宝仕西拉干红葡萄酒2009	Post House Shiraz
大玛雅珍藏设拉子红葡萄酒2011	TAMAYA Syrah Reserva
经典乌海干红葡萄酒	
卡萨天堂长相思佳酿干白	CASA VIVA Sauvignon Blanc Gran Reserva
美丽时光·珍藏桃红葡萄酒	Château Sainte Roseline Cru Class 2013
美溪干白葡萄酒 萨拉莫世家酒庄	CALA REAL VERMENTINO DI SARDEGNA SELLA & MOSCA
木兰堡利斯塔梅多克红葡萄酒2010	MOULIN BOURG LISTRAC MEDOC
纳里大师隆河谷2011	AOC Mestie Nathanaël Côtes du Rhône
情诗珍藏卡蒙红葡萄酒2011	Valentine's letter Carmernere Reserne Red Wine
雅尼波尔多甜白葡萄酒	De Vanny Bordeaux Blanc Moelleux

中文酒名	外文酒名
鹰谷白苏维翁	Eagle Canyon Sauvignon Blanc

最佳葡萄酒
（500元区间）

富隆威拿麦罗仑谷穗乐仙红葡萄酒2010	Wirra Wirra Vineyards Mclaren Vale Shiraz
碧丝塔庄园红葡萄酒2010	Château Tour Bicheau
多吉帕特酒庄黑品乐红葡萄酒2009	DOG POINT PINOT NOIR
哥塞佳酿高泡葡萄酒	GOSSET BRUT EXCELLENCE NV
家族传奇红葡萄酒2009	Family Saga
摩尔玫瑰	Rose des Maures
天鹅庄大师之选赤霞珠2011	Auswan Creek Master Selection Cabernet Sauvignon
巴戎砥砺特级珍藏红葡萄酒2005	Baron de Ley Gran Reserva Rioja DOC
大玛雅酿酒师特藏设拉子红葡萄酒2010	TAMAYA Syrah Winemaker's Gran Reserva
金色收获经典基安蒂干红葡萄酒2008	La Prima Chianti Classico Riserva
拉玛赫侯爵干白葡萄酒 拉玛赫酒庄	LES MARQUISES BLANC LAMARGUE
麓鹊获红葡萄酒2010	Lucente Toscana IGT
大玛雅酿酒师特藏卡门红葡萄酒2011	TAMAYA Carmenere Winemaker's Gran Reserva
弗卡斯宝瑞波尔多里莎红葡萄酒2009	FOURCAS BORIE BORDEAUX LISTRAC
红标色拉子2009	Red Seal Shiraz
拉玛赫侯爵干红葡萄酒 拉玛赫酒庄2010	LES MARQUISES SYRAH LAMARGUE
里弗森庄园赤霞珠红葡萄酒2009	TREFETHEN ESTATE CABERNET SAUVIGNON
露庄干红葡萄酒2009	Château Milon
天鹅庄大师之选希拉2011	Auswan Creek Master Selection Shiraz
维格拉·库维那红葡萄酒2010	VERONESE CORVINA

最佳葡萄酒
（800元区间）

萨尔堡干溪谷珍藏金粉黛红葡萄酒2010	Rancho Zabaco Dry Creek Valley Reserve Zinfandel
莫斯卡托黑牌起泡葡萄酒 赛拉菲诺酒庄	MOSCATO D'ASTI BLACK EDITION DOCG SPARKLING ENRICO SERAFINO

续表

中文酒名	外文酒名
奥德琳 长相思	Aaldering–Sauvignon Blanc
蒙特布洽诺干红葡萄酒 伊卡里奥酒庄2008	Vino Nobile di Montepulciano DOCG ICARIO
奥德琳品乐塔吉2010	Aaldering Pinotage
方特酒园特酿红葡萄酒2009	Quinta da Fronteira Grande Escolha
美德干红2009	Medeus–Isola dei Nuraghi IGT
最佳葡萄酒 **（1000元区间）**	
芯美红葡萄酒2008	IRMA Top Fussion Gran Reserva–Super Premium Wine
歌道娃鹿跃区赤霞珠红葡萄酒2009	2009 Clos Du Val Stags Leap District Cabernet Sauvignon
马尔堡·噢特优长相思珍藏白葡萄酒	MARLBOROUGH O:TU SAUVIGNON BLANC RESERVE WHITE WINE
富隆威拿珍藏穗乐仙红葡萄酒2011	Wirra Wirra Vineyards–R.S.W. Shiraz
拉玛赫典藏侯爵干红葡萄酒 拉玛赫酒庄2008	CHAEAU LAMARGUE LA RESERVE DU MARQUIS AOC LAMARGUE
雷文马里奥红葡萄酒2007	Rawen JH Premium
马尔堡·噢特优长相思甜白葡萄酒	MARLBOROUGH O:TU SAUVIGNON BLANC SWEET WINE
茜长赤霞珠2010	The Presidents Cabernet Sauvignon
天鹅庄1908单一百年葡园希拉2012	Auswan Creek 1908 Single Centenarian Vineyard Shiraz
最佳葡萄酒 **（2000元以上）**	
天鹅庄灵魂种植者缓酿西拉干红葡萄酒2010	Auswan Creek Soul Growers Slow Grow nShira

三、酒标解读

　　波尔多记者作家皮埃尔·韦耶泰说："酒标的责任是在一瓶葡萄酒被口腔接受之前，先把书写的部分传递出去。"而对于大众消费者而言，酒标是一瓶葡萄酒的名片，或者更确切地说，是它的身份证。酒标上标记了关于这瓶酒所有你该知道的、客观的信息。比如说酒的名字、酒的年份之类。而这些信息并不是按照葡萄酒生产商的喜好来标的，每一个国家葡萄酒的酒标，都受到严格的法规规定。

　　波尔多与勃艮第，法国的两大明星产区，拥有极为不同的酒瓶形状：波尔多瓶为"耸肩"，瓶身修长笔直，像一位严肃的绅士；勃艮第瓶为"溜肩"，瓶身圆润丰满，像一位性感的熟女。两区的酒标也有着很大区别，波尔多以酒庄为主导，而勃艮第则更多以葡萄园分块来主导，看懂这两区的酒标，也就攻克了世界上大部分产区的酒标。意大利酒标也比较复杂，因此也单列出来举个例子。

波尔多瓶

DOURTHE N°1 RED 2009
杜夫一号红葡萄酒2009

勃艮第瓶

CHANSON PERNAND-VERGELESSES "LES VERGELESSES" 1ER CRU 2009
香颂家族佩南维哲雷斯红葡萄酒2009

法国波尔多酒标

酒庄的名字
（用Château或者Domaine等字样）
或者品牌名称

以酒庄建筑为设计要素的酒标主体：
大部分波尔多的酒标设计都会运用自己
酒庄的建筑作为主标识，以突出酒庄悠
久的历史和来自祖辈的传承。

酒庄或庄园的图样

产品在酒庄装瓶

酒精浓度（体积比）

酒庄地址

产区

瓶内葡萄酒的容积

波尔多列级
酒庄第一级

原产地监控命名标识（AOC）：

　　根据INAO（国家原产地命名管理局）的要求，只有满足以下要
求的葡萄酒才能冠以AOC等级，带有界定了地理名称的产品、葡萄
品种、葡萄汁中最低含糖量、酒中的最低酒精度、亩产量（百升/公
顷）、修建方式、葡萄种植与酿酒工艺。所有波尔多葡萄酒都必须经过
理化分析和盲品之后，才能获得AOC的许可。

法国勃艮第酒标

葡萄园名称
（村庄或大区名称）。
勃艮第的葡萄酒名通常会以村庄及
葡萄园命名。

酒庄名称

SOCIÉTÉ CIVILE DU DOMAINE DE LA ROMANÉE-CONTI
PROPRIÉTAIRE A VOSNE-ROMANÉE (COTE-D'OR) FRANCE

ROMANÉE-CONTI
APPELLATION ROMANÉE-CONTI CONTROLÉE

3.151 Bouteilles Récoltées

LES ASSOCIÉS-GÉRANTS

BOUTEILLE Nº 00000
ANNÉE 2008

Mise en bouteille au domaine

葡萄采摘年份
（勃艮第瓶的脖子上通常也有年份信息）

葡萄酒分级。[Appellation d'
（产区名称）+Controlée]
表示这瓶酒为AOC法定产区酒

　　与波尔多不同，勃艮第葡萄酒更强调"葡萄园"的特性。同一个葡萄园可能会由几家酒庄分割，比如武乔园（Clos de Vougeot）就分属86个业主，他们都可以在酒标上标注"Clos de Vougeot"字样。同一家酒庄也能同时拥有几个不同的葡萄园地块，根据葡萄的出处，标以不同的标识。

意大利酒标

酒庄名称

葡萄品种
意大利语中的"di"相当于
英语中的"of"，表示来自
某地的葡萄。

家族名称与家徽

DOC法定认证

产区名称

　　和大多数的酒标一样，意大利的酒标，也一般由酒庄名、产区、等级、年份等内容组成，很多酒标上也会标注葡萄品种。但意大利葡萄品种的名称变化比较多端，比如著名品种桑娇维塞（Sangiovese），会以不同的形式呈现在酒标上，例如图示的"Brunello di Montalcino"，当你对意大利某个地区的葡萄品种完全不熟悉的时候，你大胆猜测这里使用的是桑娇维塞，说不定就能蒙对了。

中文背标

相对于前酒标，背标并不是一瓶葡萄酒的必须标识部分。但它能够辅助前酒标，给消费者提供更多有用的资讯。这一小块背标上，一般会写上庄主对消费者说的话，或者是酒庄介绍，或者是对酒款的描述，搭上配餐建议之类。有的酒庄会根据产品的主要出口国，印上不同语言的介绍。

根据我国海关的要求，所有通过正规渠道进入中国市场、已向中国海关报备了的葡萄酒，身上都会有中文背标。这是进口商贴上去的，跟原本的酒厂无关。中文背标上一般有标记该产品的中文名字、产品成分、原产地以及灌装日期。

四、酒商目录

名称	地址	电话
北 京		
澳之品	北京市海淀区增光路48号	010-68984600
北京罗迪商贸有限公司	北京市朝阳区东三环中路39号，建外SOHO，5号楼1906室	010-59000751
北京天禧瑞芙贸易有限公司	北京市朝阳区光华路4号东方梅地亚中心A座2209	010-85597883
北京中海晨阳贸易有限公司	北京市朝阳区芍药居甲31号楼	010-84650815
法国欧颂庄园北京国际酒业有限公司	北京市东城区东四北大街107号天海商务大厦H座	010-64005987
好脉国际股份有限公司好脉酒藏（北京）有限公司	北京市朝阳区东三环中路39号 建外SOHO7号2002室	010-58691673
捷成饮料（中国）有限公司	北京市建国门内大街18号恒基中心办公楼二座10层	010-85198688
沐尘酒庄	北京朝阳区东大桥路8号SOHO尚都北塔2473	010-59001698
诺亚环球贸易(北京)有限公司	北京市朝阳区林萃东路1号国奥村C9 1单元302室	4006019596
守信酒业贸易有限公司	北京市朝阳区金港国际九号楼818室	
中信国安葡萄酒业销售有限公司	北京市朝阳关东店北街1号国安大厦2层	13671004230
上 海		
爱醇贸易（上海）有限公司	上海市静安区北京西路1399号信达大厦12楼C2室	021-62477108
奥松酒业（上海）有限公司	上海市闵行区黎安路1588号	021-54889999
班提酒业	上海市徐汇区肇嘉浜路789号均瑶国际23楼B1	021-61138289
东基酒业	上海市四川北路525号航宇大厦1106室	021-63572867
合一世爵(上海市)酒业有限公司	上海市松江区影视路11号201	021-37727199
汇立酒业上海SHOW ROOM	上海市钦江路88号东一楼	021-33030821
吉马国际酒廊	上海市普陀区同普路1412号	021-32023402
捷成饮料(中国)有限公司上海分公司	上海市延安东路618号东海商业中心16楼	021-23064888
卡斯特酒业	上海市徐汇区肇嘉浜路789号均瑶国际23楼B1	021-61138289
凯柏莱酒业(上海)有限公司	上海市闵行区曲吴路589号中国梦谷创意产业园2号楼	021-62219969
拉斯堡	上海市青浦区章连塘路588号	021-58661760
岚岸商业(上海市)有限公司	上海市长宁区延安西路1088号长峰路中心3201室	021-52388156
纽威商贸(上海市)有限公司	上海市莲花路1978号E栋4楼	021-64017456

续表

名称	地址	电话
欧货易（上海市）国际贸易有限公司	上海市高桥保税区福特北路456号1号楼南楼1层	021-58665301
上海富斯葡萄酒销售有限公司	上海市虹口区黄浦路99号1505室	021-60955552
上海鸿澳国际贸易有限公司	上海市长宁区哈密路442号608C	021-62399979
上海嘉叶国际酒业	上海市闵行区宜山路2016号合川大厦8J	021-31273911
上海米柯尼斯酒业有限公司	上海市长寿路285号恒达大厦13楼E.F.G.H座	021-62981727
上海市东珍贸易有限公司	上海市嘉定区金园四路501号东锦国际大厦16层	021-39982255
上海市建发酒业有限公司	上海市浦东新区张扬路620号中融恒瑞国际大厦东楼11楼1103室	021-61635001
上海市融生实业有限公司	上海市浦东新区康桥东路1365弄1号410室	021-33315813
上海市应雄酒业有限公司	上海市虹口区唐山路215号309室	021-65370259
上海天酒国际贸易有限公司	上海市长宁区哈密路2010号	021-6269 0079
上海香蔓国际贸易有限公司	上海外高桥保税区富特西一路475号第四层B6室	021-58660002
史瓦仕贸易（上海）有限公司	上海市静安区新闸路1136弄1号1天然气石油大厦702室	021-60871811
统一（上海）商贸有限公司	上海市长宁区临虹路131号308室	021-22158757
咏萄瑞金店	上海市黄浦区瑞金二路235号一楼（近泰康路）	021-64035300
咏萄上海静安店	上海市静安区泰州路200号（近康定路）	021-32080293
广 东		
AIT进口酒类商店	深圳市南山区蛇口兴华路南海意库6栋125号	0755-86391655
ALU Wine Space	广州市天河东路华康街6-14号104	020-38812133
Sunwine	广州市逢源路宝盛圆128号地铺	13580520612
奥红酒业	广州市天河北路703号东方之珠花园C座2311室	020-38807031
澳店酒窖	广州市海珠区滨江东路怡凤街2号	020-34396566
澳鸿葡萄酒业	广东省江门市蓬江区江华二路45号之一2层	0750-3368187
澳龙威酒业有限公司	广州市黄埔大道西201号金泽大厦2203	020-87575072
澳中龙耀国际贸有限公司	深圳市罗湖区文锦北路文锦广场文盛中心2105室	13670055211
巴克斯酒业有限公司	佛山市顺德区容桂振华大道千禧楼A座36-37号铺	0757-26680501
白云机场国际葡萄酒博览城	广州白云国际机场出发厅首层	020-36066838
奔鸿酒窖	珠海市香洲区吉大石花东路2号商铺	15384346055
大酒海酒窖	中山小榄镇广源中路广源居地铺	0760-22270729

续表

名称	地址	电话
东莞霸高酒庄	东莞市万江区万高路天邑湾36号铺	0769-81736772
东莞市业和贸易有限公司	东莞市万江区新和社区新华南路60号	0769-22301118
二沙岛汇立酒膳	广州市二沙岛晴波路宏城网球俱乐部二楼汇立酒膳	020-37583820
法国枫德利酒庄 广州福穗贸易有限公司	广州市天河区龙口西路194号B栋2804室	020-38839529
佛山品醇美酒汇	佛山市禅城区湖景路8号天湖郦都3区30座P4号（彩虹路农行旁）	0757-82067980
佛山顺禧酒业有限公司	佛山市顺德区容桂港前路8号海诚名轩118号	0757-26683999
广州澳太商贸有限公司	广州市天河区珠江新城广纺联创意园45号之102单元	020-38886322
广州德品酒业有限公司	广州市番禺区信基沙溪酒店用品博览城（上澉区）3608档二楼	020-39989982
广州杜隆贸易有限公司	广州市越秀区麓苑路33号之二保利麓苑公馆309、327单元	020-83482489
广州乐富葡萄酒有限公司	广州市天河区珠江新城华夏路49号津滨腾跃大厦南塔606室	020-38032021
广州汇立·江南荟	广州市珠江新城金穗路900号（北门内）	020-38850555
广州汇立酒业天河专卖店	广州市天河路200号广百天河中怡店负二层	
广州君迈贸易有限公司	广州市越秀区天河路1号锦绣联合商务大厦1713	020-37805505
广州美度酒业有限公司	广州市白云区增槎路三一国际食品城1305号	020-34112618
广州市澳南酒业有限公司	广州市越秀区建设大马路49号102室	020-83752218
广州市番禺区瀛锦酒庄	番禺区大石街丽园永发楼首层	020-84797998
广州市恒鹏酒业有限公司	广州市花都区秀权大道2号展麟大厦A座705室	020-86833999
广州市金酩仓贸易有限公司	广州市番禺区桥南街南堤西路21号	020-84883868
广州市钧成酒业贸易有限公司	广州市海珠区滨江西路174号	020-61202195
广州市骏澳酒业有限公司	广州市番禺迎宾路迎宾豪泰酒店用品批发市场38栋10-13号	020-39984838
广州市骏行酒业有限公司	广州市大道南穗和北街二号138栋901室	
广州市骏盈酒业	广州市海珠区滨江东路815号	020-34254677
广州市开格酒业贸易有限公司	广州市大南路2号合广场912室	020-83299139
广州市蓝澳酒业有限公司	广州市番禺区迎宾路金山大道潭山村路段蓝澳体育公园内	020-34755010
广州市隆生酒业贸易有限公司	广州市东晓南路1439号705室	020-89619806
广州市王马歌酒业有限公司	广州市番禺区长提西路176号	020-84600978
广州市裕泉酒业	广州市天河区黄埔大道西876号跑马地花园	020-62819847

续表

名称	地址	电话
广州市振北酒业	广州市白云区增槎路东日王市场711号	13710597563
广州市智品隆商贸发展有限公司	广州市天河区平月路南国花园北门侧万利隆酒庄	020-38262628
广州星漫酒业有限公司	广州市天河区天河北路626号保利中宇广场A座2204室	020-83980369
广州远洋船舶物资供应有限公司	广州市黄埔港湾路139号	020-82273640
广州中泽意宏贸易有限公司	天河区珠江新城华强路2号富力盈丰大厦104铺	020-38065219
国通酒业	广州市天河区黄埔大道中315号 羊城创意产业园1-4栋	020-38031373
国通酒业	佛山市顺德区陈村镇白陈公路国通物流城	0757-23815708
亨奇进出口(深圳)有限公司	中国深圳市宝安中心区宏发大厦24层	0755-21631590
恒祥酒业有限公司	中山市东区亨尾大街3号1号楼1-15卡	0760-88328838
汇立酒业广东清远H&L形象店	清远市狮子湖大道1号汇立酒业	0763-3563696
加隆河酒业	广东深圳龙岗区中心城爱龙路深圳葡萄酒城A1026	0755-28378300
捷成饮料（中国）有限公司广州分公司	广州市越秀区中山二路18号广东电信广场23层	020-87137188
金帝酒业	广州市越秀区恒福路26号麓雅居大厦G9座2楼全层	020-35972112
金灵思商贸有限公司	深圳市深南东路2001号鸿昌广场4302室	0755-82391177
晴轩名酒业	佛山市顺德区北滘镇碧江红绿灯直入200米	0757-26635211
君望酒业	广州市越秀区法政路达信大厦首层	020-38807031
康淳酒业	佛山市顺德区容桂镇容奇大道中(君豪酒店对面)	0757-28382088
阔士红酒	广东省韶关市工业东路25号3号店	0751-8730222
老橡树酒窖	广州市白云区机场路1962号国际单位B113号	020-36366268
乐富酒窖东莞塘厦店	东莞市塘厦镇塘龙东路96-1D2、1D3商铺	020-82866028
乐富酒窖番禺店	广州市番禺区迎宾路大石段锦绣银湾商铺256号	020-39216017
乐富酒窖花都狮岭店	广州市花都区狮岭镇狮岭大道东一号御华园	020-37708228
乐富酒窖花都新华店	广州市花都区龙珠路18号8栋11号商铺	020-36887516
乐富酒窖鹤山店	鹤山市碧桂园凤盈西街20-26号	0750-8833366
乐富酒窖茂名店	茂名市文光二街68号亨利花园楼下店铺11-14号	0668-2803900
乐富酒窖阳春店	阳春市兴华路158号二楼	0662-8178338
乐富酒窖阳江店	阳江市江城区湖湾华庭10栋4号商铺	0662-2866777
乐富酒窖湛江徐闻店	湛江市徐闻县徐城镇东大道南路17C19	0759-4668999
力天品味酒业(深圳市)有限公司	深圳市罗湖新安路森威大厦雍景园17F1	0755-82357469
利骏国际贸易有限公司	深圳市福田区和亨中心广场C座2201室	0755-25257374

续表

名称	地址	电话
美国加州添翔酒窖	广州市越秀区沿江路277号地下西边自编3.4铺	020-83333438
名乔贸易有限公司	汕头市黄山路58号黄山大厦A座605	0754-88885549
铭鼎酒业有限公司	广州市番禺市桥东环路197号	020-34617375
铭泰堂	深圳市罗湖区文锦中路2号昇逸酒店A栋首层22号	0755-25913116
欧罗红酒庄	东莞市凤岗镇永和街30-5号	0769-82091983
欧亚酒业(深圳)有限公司	深圳市罗湖区宾安南路2078号深港豪苑名商阁12楼A室	0755-25860992
品汇酒行	中山市沙溪星宝明珠商铺17卡	0760-87331688
品酒客国际有限公司	广东省佛山市顺德区容桂容奇大道13号侨邦国际商厦209号	0757-28876373
葡萄牙古堡葡萄酒	广东省韶关市武江区一路志诚公寓首层1-2铺	0751-8539339
瑞文葡萄酒团购中心	深圳市福田区红荔西路园心苑首层13号	0755-25988048
韶关市拉菲酒窖	广东省韶关市浈江解放路28号新展鹏大厦聚雅轩酒店西餐厅首层	0751-8962626
深圳市安第斯酒业有限公司	深圳市龙岗中心城爱龙路99号深圳葡萄酒城A1-096、A1-888	0755-83849958
深圳市澳洲虎商贸有限公司	深圳市福田区福田中路福景大厦中座1703室	0755-61309466
深圳市佛莱德酒业有限公司	深圳市南山区滨海之窗开泰大厦14层	0755-86220399
深圳市华巨臣实业有限公司	深圳市罗湖区人民南路佳宁娜广场C座2801	0755-82361717
深圳市卡聂高酒业有限公司	深圳市福田保税区红花路99号长平商务大厦3513室	0755-82542471
深圳市乐勤贸易有限公	深圳市福田区福荣路碧海红树园商业街102号	0755-25338796
深圳市瑞文贸易有限公司	深圳市罗湖区红岭北路3002号梅718物流中心7栋A座2楼	0755-22211993
深圳市圣路易·丁酒庄深圳市经销处	深圳市福田区上梅林中康路8号 雕塑院C座1-3	0755-83377453
深圳市星座星商贸有限公司	深圳市福田区香榭路缇香名苑	0755-25311143
深圳市雅得利贸易有限公司	深圳市罗湖区宝安南路1001号华瑞大厦A座9G	0755-25856195
深圳市怡亚通酩酒供应链管理有限公司	深圳市深南中路国际文化大厦2406	0755-88393232
深圳市悠悠酒庄商贸有限公司	深圳市罗湖区东门南路文锦渡口岸大楼A座1809室	0755-82283228
深圳市中喜酒业有限公司	深圳市八卦四路430大厦9楼	0755-82424331
深圳夏桑园酒业	深圳市福田区福华一路国际商会大厦A座1707室	0755-82931699
圣维意酒业(深圳市)有限公司	深圳市宝安区观澜镇沿河路6-7号（镇政府对面）	0755-28027587
盛品红酒屋	广州市天河区珠江新城华穗路131号	020-38373252

名称	地址	电话
盛世酒业	广州市天河区珠江新城海明路22号力迅上筑140号铺	020-37883575
天纯酒业有限公司	广州市农林下路80号冠怡大厦16楼1609-1610室	
图乐酒庄	深圳市福田区福华一路168号特美思大厦（马哥孛罗好日子酒店）一楼东侧	0755-88252410
阳光美酒业有限公司	深圳市布吉百合酒店百合银都D栋19楼A-J室	0755-89966365
有田酒业	广州市天河区天河北路614号金海花园103铺	020-38736525
誉锦酒业阳江加盟店	阳江市江城区国际花园A区E17号	0662-2882663
誉锦酒业总部	广州市新港西路135号中山大学科技园B座18楼1810（米莎国际）	020-84115688
肇庆凯旋拉菲贸易有限公司	肇庆市宋城西路14号106卡	0758-2819861
志永达酒行	中山市大涌镇兴华路30号	13905179918
中高酒业	广州市越秀北登瀛路10号首层	020-83555599
中康淳酒业有限公司	佛山市顺德区榕桂大道	13802680931
中山市君恒酒业商行	中山市东区歧关西路龙珠坊东商铺13卡	0760-88806726
中山市名庄名店红酒仓	中山市东区东苑南路36号蓝钻星座首层15卡	0760-88318482
中山市石歧区桂丝雨贸易行	广东省中山市石歧孙文东路78号顺景新一居之50	13326924516
珠海金橡酒业有限公司	珠海市香洲情侣中路121号星海湾首层	0756-2213881
珠海经济特区圣都酒业有限公司	珠海市香洲紫金路256号	0756-2511198
珠海市德澳斯贸易有限公司	珠海市香华路63号4栋车库地铺	18928013031
珠海市金湾区木富酒业商行	珠海市金湾区三灶镇映月路9号	4000011864
珠海市有城贸易有限公司	珠海市深圳市发展银行大厦7A	0756-2122992
珠海展永发展有限公司(进出口)	珠海市香洲区东风里路18号102	0756-2211298
江 苏		
澳之品	无锡新区珠江路51号	13861690492
百堡酒窖南京店	江苏省南京市小卫街胜利村路2号	025-66615221
杭州进出口贸易有限公司	杭州市杭大路1号黄龙世纪广场A座10楼	0571-87902781
汇银酒庄	南京 鼓楼区中央路201号南京国际广场南楼1507室	15380300366
江苏开元国际酒业有限公司	南京市建邺路98号鸿信大厦16楼	025-86900755
江苏零点贸易有限公司	江苏省常熟市李闸路317号	0512-52896777
江阴市和融国际贸易有限公司	江阴市城东香山路230号	0510-81608686

续表

名称	地址	电话
久加久	苏州市相城区阳澄湖中路28号	0512-65760619
久加久	苏州市工业园区旺墩路金鸡湖商业广场D幢1-17、1-18	0512-62387099
久加久	苏州市沧浪区荐门路306号	0512-67950799
久加久	苏州市吴江松陵镇鲈乡南路2459号明珠大厦一楼	0512-63968699
久加久	常州市晋陵中路168-11号	0519-86639909
久加久	常州市太湖中路7号	0519-81097919
久加久	昆山市柏庐中路281号	0512-57335699
久加久	太仓市太平南路19号	0512-53587759
乐富酒窖江苏宿迁店	江苏省宿迁市项里景区东岸8号	15805241402
南京华夏葡萄酿酒有限公司	江苏省南京市江宁区汤山工业集中区汤山片区	025-68134958
南京拉菲庄园酒业有限公司	南京市珠江路88号A栋3312室	025-84455208
南京轩源酒业有限公司	南京市江东中路315号中泰国际6栋804	025-83412739
上海卡斯特酒业有限公司	苏州市相城区阳澄湖中路162号	0512-65753779
苏州默深进出口贸易有限公司	江苏省苏州市平江区大观路132号	021-68381230
咏萄南京店	南京市中央路302号12号楼101室	025-89603178
誉锦酒业昆山子公司	江苏省昆山市长江南路1164号翡翠酒店5号楼2620	0512-57307111
誉锦酒业南京子公司	南京市龙蟠路98号盛世华庭B6-01	025-83224993
浙 江		
奥松酒业（上海）有限公司乐清分公司	浙江省 温州市 乐清市 乐成街道 新华路A幢35号	
澳之品	杭州市西湖区黄姑山路4号6幢一楼	0571-88325519
澳之品	杭州市西湖区黄姑山路4号	0571-88325519
班提酒业(温州市)有限公司	温州市灰桥路1号东方花苑A栋706室	0577-88821291
法技图名酒庄	温州市联合广场2栋12楼D座	0577-89866777
高卢酒业有限公司	温州市大南路锦春大厦一层04-1号	0577-89865866
海宁市雅恺进出口有限公司	浙江省海宁市海昌街道文苑路466号	0573-87041993
杭州菲图贸易有限公司	杭州市凤起东路163号	0574-88991896
皇地酒庄	湖州市南浔区练市镇中心北路（农贸市场西侧）	0572-3029292

名称	地址	电话
汇立酒业宁波国际会展中心NINGBO	宁波国际会展中心家居馆五楼B059—B060	0574-87991399
汇立酒业宁波镇海店	浙江省宁波市镇海区鼓楼广场5号商铺	0574-86277918
久加久	杭州市萧山区人民路286-3号	0571-82817389
久加久	杭州市余杭区临平南苑街道世纪大道39-43号1F（杭州至临平汽车南站斜对面）	0571-89185799
久加久	宁波市北仑新大路584-586号	0574-86865199
久加久	宁波市长江路457-459号	0574-86864199
久加久	宁波市江北区人民路104号	0574-87664539
久加久	宁波市鄞州区四明中路1014号	0574-83056369
久加久	杭州市桐庐县春江路660号（肯德基对面）	0571-69906199
久加久	湖州市凤凰路738号经纬大厦1F（电力局对面）	0572-2114599
久加久	湖州市环城北路220-222号	0572-2215099
久加久	湖州市德清县武康镇东升街43号	0572-8817079
久加久	湖州市长兴县长海路223-225号	0572-6223699
久加久	湖州市南浔区泰安路557、559号	0572-3078099
久加久	温州市鹿城区吴桥路286号(三角巷公交站牌边)	0577-89606799
久加久	临海市靖江中路102-106号	0576-85197099
久加久	临海市钱暄路2号	0576-85121699
久加久	慈溪市三北西大街215-219号	0574-63816399
久加久	慈溪市浒山街道金一路600号	0574-63884169
久加久	嘉兴市南湖区东升中路1188号（嘉兴人才交流市场旁边）	0573-82210199
久加久	嘉兴市中山西路732号（嘉兴禾城农村合作银行对面）	0573-82764799
久加久	绍兴市城南大道426号	0575-88206099
久加久	绍兴县金柯桥大道金昌商务大厦（两岸咖啡下面）	0575-84783899
久加久	安吉县递铺镇天荒坪中路428号	0572-5819699
久加久	海宁市西山路835号	0573-87039199
久加久	桐乡市振兴东路665号市政广场对面	0573-88183599
久加久	嘉善县体育南路276-278号	0573-84035099
久加久	诸暨市艮塔东路52号	0575-87257796

名称	地址	电话
久加久	金华市回溪街228号商城(乐购超市)	0579-82556079
久加久	余姚市阳明东路86号	0574-62687399
久加久	台州市椒江区市府大道227-235号	0576-88601699
宁波汇立酒业	浙江省宁波市保税区港东大道6号1幢105室	0574-86960019
台州汇立酒业	浙江省台州市椒江区东海大道食品商城1007—1008室	0576-89816579
万谷酒窖	温州市经济技术开发区高新园区3号小区	0577-86587979
温州汇立公馆1号	浙江省温州市鹿城区市府路世纪广场城雕负一层	0577-89855999
温州市卡聂高贸易有限公司	温州市新城大道华泰大厦2栋403室	0577-88905599
咏萄杭州曙光店	浙江省杭州市西湖区曙光路123号1楼	0571-28999999
愉悦酒庄	浙江省瑞安市塘下环城大厦	0577-66081679
誉锦酒业杭州子公司	杭州市凤起东路163号	0571-88991896
誉锦酒业金华子公司	浙江省金华市东阳中山路273号	0579-86227779
誉锦酒业宁波象山办事处	浙江省宁波市象山海洋酒店	0574-65797590
誉锦酒业宁波镇海加盟店	宁波市镇海区胶川街道陈家村庄俞路口	0574-86662888
誉锦酒业绍兴加盟店	绍兴市柯桥石商路922号	0575-81183896
誉锦酒业台州玉环加盟店	台州玉环县楚门镇楚柚北路126号	0576-87418966
山 东		
昌黎木桐酒庄葡萄酿酒有限公司	秦皇岛市昌黎县十里铺葡萄产业区	0335-7034280
登龙红酒	蓬莱市大辛店镇木兰沟村	0535-5719388
欧歌堡红酒会	东营市西二路490号五一大厦A座	0546-8255680或 114转葡萄酒
青岛万萄酒业有限公司	山东省青岛市崂山区仙霞岭路16-21号	0532-68990699
青岛维尔黛商贸有限公司	山东青岛胶南市珠山街道办事处城西工业园	0532-85182069
山东星座葡萄酒业有限公司	济南市二环东路3218号发展大厦B座9F	0531-88119337
斯瑞德国际酒业	济南市山大南路10-18号	0531-88928686
威海威浩葡萄酿酒有限公司销售公司	文登市汪疃镇永兴路47号	0631-8560765
夏都葡萄酿酒有限公司	秦皇岛市昌黎县昌黄公路北侧（职教中心东200米）	0335-2208587
烟台嘉美葡萄酒行	烟台市莱山区观海路宏福园	0535-6886100
誉锦酒业济南子公司	济南市凤凰山国际名酒城110-111号	0531-85947988

名称	地址	电话
中法合资秦皇岛天朝葡萄酒有限公司	秦皇岛市昌黎县城东工业园区	0335-2186959

河 南

名称	地址	电话
澳之品	安阳市彰德路大西门中州快捷酒店	13803721925
百堡湖畔西餐厅	河南省郑州市郑东新区商内环路1号郑州国际会展中心	13523516060
百堡酒窖百顺店	河南省郑州市二七区郑密路与淮河路交叉口	0371-68666666
百堡酒窖仓储式量贩	河南省郑州市石化路与未来路交叉口向东300米路南	15538163886
百堡酒窖农科路店	河南省郑州市农科路星光大道A102	0371-63631919
百堡酒窖未来路店	河南省郑州市未来路商城路牛津街	0371-86163289
波尔多酒行	郑州市东明北路269号德亿时代城6号楼西单元202室	0371-65753951
河南奥之隆酒业有限公司	郑州市文化路126号	0371-63893777
河南恋巢商贸有限公司	郑州市国际企业中心A座1209号	0371-86056162
河南濮阳市诚诚商贸有限公司	河南濮阳市任丘路与扶余路交叉口	0393-4490940
河南众森科贸易有限公司	河南洛阳市西区丽新路碧水云天2-801	0379-64361919
酒乐多葡萄酒连锁专营店	郑州市金水路与北二七路交叉口东南角	0371-68183399
葡谛酒业商行	郑州市金水路未来路曼哈顿广场2号楼1单元	0371-55050571
誉锦酒业南阳办事处	河南省南阳市独山大道	0377-61678666
郑州贝堡贸易有限公司	河南省郑州市农科路与政七街交叉口非常SOHO B座1217	0371-69111919
郑州新洋酒业有限公司	郑州市金水区文化路9号永和国际2907	0371-65968688
郑州轩晖源商贸有限公司	河南省郑州市渠东路圣菲城小区16号楼2楼2室	0371-60317706
郑州洋酒行金水路店	郑州市金水路106号	0371-65901945
郑州洋酒行洛阳店	洛阳市安徽路12号万国银座B座1楼	0379-64837117
郑州洋酒行纬一路店	郑州市纬一路3号	0371-63696022

天 津

名称	地址	电话
天津国际酒饮文化产业园	天津滨海新区塘沽海洋高新区内	022-25229309
天津君乐品商贸有限公司（乐品酒业）	天津市武清京津时尚广场5栋9层	022-59694696
天津市前进实业有限公司柏兰爵红酒	天津市滨海新区洞庭路160号	022-59835092
天津泰亚德酒业	天津市南开发区奥林匹克中心C区	022-63223333

续表

名称	地址	电话
中法合资王朝葡萄酿酒有限公司	天津市北辰区津围公路29号	022-26996932
中国（天津市）皇冠路易酒业有限公司	天津市区民族路41号（意大利风情街）	022-24457907
醉盎阁红酒汇	天津市滨海新区开发区第二大街御景园邸别墅158号	022-66219478
东北		
昂爵酒业	长春市东环城路5688号正茂中心25栋二楼	0431-81922197
红酒坊酒窖	大连中山区友好广场曼哈顿大厦B座1901室	0411-82698461
大连天熙进出口有限公司	大连市中山区职工街33号	0411-82803178
哈尔滨市穆尔法酒庄	黑龙江省哈尔滨市南岗区红军街6号	0451-53605966
哈尔滨张裕国际酒庄	哈尔滨香坊区珠江路31-1号	0451-86098600
乐富酒窖沈阳店	辽宁省沈阳市铁西区小北三东路3-3号20门	024-25125809
尼亚加拉冰酒有限公司	沈阳市于洪区金山路93-19-4门	024-86606983
沈阳隆银酒行龙之梦店	沈阳市大东区22号龙之梦购物中心一层	024-31970499
沈阳隆银酒行中兴店	沈阳市和平区太原北街中兴商厦一层	024-31879299
沈阳益丰商贸有限公司	沈阳市和平区南四马路90号甲	024-23223908
沈阳益丰商贸有限公司	沈阳市和平区南京北街113号和泰运恒国际一层	024-22846299
沈阳益丰商贸有限公司	沈阳市和平区太原北街中兴商厦一层	024-31879299
通化葡萄酒股份有限公司	通化市前兴路28号	13836080152
通化天池山葡萄酒有限公司	通化市柳河前进路81号	0435-7336818
四川		
成都开格贸易有限公司	成都市武侯区洗面桥街33号艺墅花乡711室	028-85972498
成都猎人谷酒业有限公司	成都市一环路北二段西北桥边街1号五丁苑金牛座4F	028-68003999
成都如菱贸易有限公司	新都区马超东路汉嘉国际商铺2-1-11号	028-83964606
成都悦和酒业有限公司	四川省成都市高新区创业路53号1-4-701	028 85155192
高尔特经商有限公司	成都市一环路南四段10号天乐嘉苑2栋2125室	028-85531819
金橡酒窖	成都市青羊区金泽路32-38号	028-87331155
品醇酒窖	四川省绵阳市涪城区园艺山阳光清华香槟广场95号	0816-6356658
誉锦酒业成都办事处	成都市高新区德赛二街88号复地复城国际T5—512	028-61555578
湖南		
宝物珑酒窖	长沙市芙蓉区晓园路2号晓园公园湖畔	0731-88806599
宝物珑酒类贸易有限公司	长沙市芙蓉区五一路72号	0731-84144999

续表

名称	地址	电话
长沙市贺红酒类销售有限公司	长沙市雨花区韶山路153号三湘小区A区24栋408室	0731-89825199
福穗酒行	湖南省郴州市北湖区南岭大道40号	0735-2227976
衡阳金阳光进出口经贸有限公司	衡阳市华新开发区长湖北路（市政府东大门对面）	0734-8897999
红威酒业	娄底市娄星区氏星路万豪广场天虹百货超市负二楼	0738-2882619
红威酒业	长沙市天心区芙蓉南路1段友谊路口828号友谊路口鑫远杰座2109室	0731-82251499
湖南金域酒世界	长沙市八一路418号昊天大厦一楼	0731-88239799
金葡酒窖	长沙市韶山中路488号（融科三万英尺8栋裙楼）	0731-85198519
金桥名酒荟江北店	常德市武陵区武陵大道宏大宾馆附一楼	0736-7899199
金桥名酒荟江南店	常德市鼎城区鼎城路紫薇家园（枫丹丽舍对面）	0736-7899899
麒麟酒窖	湖南省怀化市鹤城区湖天一色（东正门）锦园路（酒吧一条街）	0745-2257070
温斯卡酒窖	岳阳市岳阳楼区旭园路471号（新电源小区旁）	0730-8687557
易达酒庄	湖南省株洲市天元区滨江南路148号	0731-22225179

其他

0594WINE酒庄	福建省莆田市荔城区北大路1107号	0594-5959998
澳之品	芜湖市弋江区九华南路润地商业广场3号楼510室	18955306420
巴克斯酒庄	安徽省桐城市龙腾路铁路桥东粮食建司旁	0556-6200526
彼诺酒窖	山西省太原市新建南路156号鞋帽大厦一层	0351-6922333
波尔多吉洛(厦门)进出口有限公司	厦门市思明区武夷工贸3号楼5楼	0592-5565350
波特佳酒业(厦门)有限公司	厦门市湖里区安岭路999号金海湾财富中心1号楼1102#	0592-5799600
鄂尔多斯市德拉库拉商贸有限公司	内蒙古鄂尔多斯市东胜区怡馨花园C座5#底商（西门德拉库拉酒堡）	0477-8526888
高桂贸易有限公司	广西自治区南宁市青秀区开泰路1号	0771-4781077
贵人堡国际酒庄	山西省忻州市和平西路翠苑大厦2号	0350-3082222
桂林圣路易酒庄	桂林市苗圃路13号	0773-3821819
海南乐城酒业有限公司	海南省洋浦保税区高信楼一层	0898-28821222
吉奥尼酒庄	内蒙古呼和浩特市新城区呼伦贝尔北路与星火巷交汇口农牧业局住宅楼商铺1号	0471-6964073
乐富酒窖河北邯郸店	河北省邯郸市滏东大街阳光超市一楼商铺	18631037718
瑞泓旭酒业	厦门市思明区嘉禾路327号太平洋广场南楼31A	0592-5203303

续表

名称	地址	电话
山西加佳怡园酒业有限公司	太原市亲贤北街31号太航世纪315室	0351-7581277
圣雅罗私家酒窖	福州市鼓楼区左海公园光荣路319号	13600812502
顺隆酒庄	太原市迎泽区双塔西街49-1号新视界写字楼1209号	0351-8337771
唐吉河德贸易有限公司	武汉市江汉区民权路12号	027-85665606
添翔酒窖(海口分店)	海口市海甸五西路恒福居商业广场（5座）108	0898-66199086
西安葡道商贸有限公司	西安市高新区沣惠南路8号枫叶新都市榕园C座202室	029-89381781
新疆北方箭达·玛拉尼酒庄	新疆乌鲁木齐市南湖东路青翠巷15号（市公安局后）	0991-4660969
银葡庄园	合肥市黄山路绿城桂花园云栖苑8栋101商铺	0551-5359499
咏萄福州店	福建省福州市树汤路182号紫荆花园一层	0591-88855660
誉锦酒业黄山子公司	安徽省黄山市屯溪区仙人洞北路3—13号	0559-2339856
尊华精品酒业	江西省新余市北湖中路诺贝尔花园277号	0790-6368055